地震予知の科学

日本地震学会
地震予知検討委員会 編

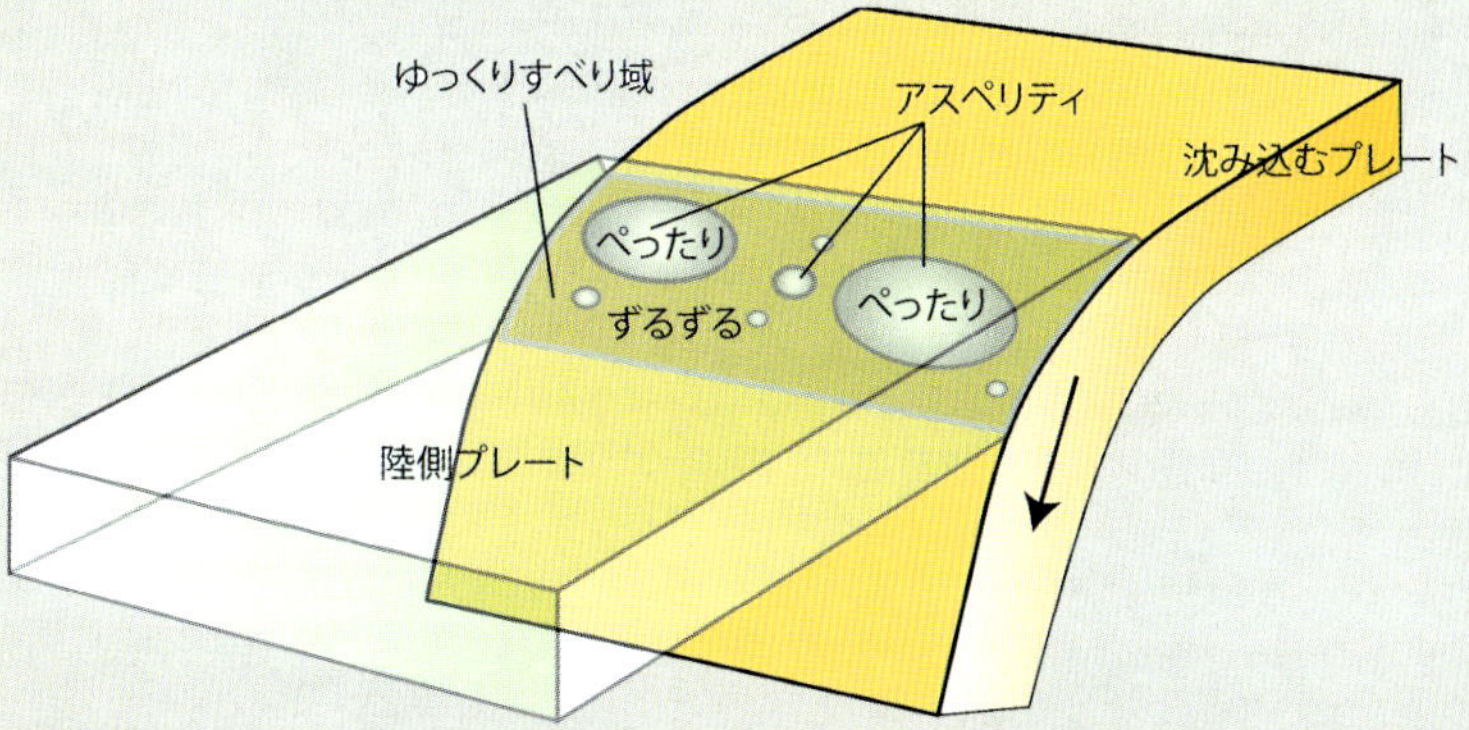

東京大学出版会

口絵 1(扉)　陸側のプレートと沈み込むプレートは一様に固着しているわけではない．硬い岩どうしが接触しているため，強く接触している場所やそうでない場所があり，接触の程度に「むら」がある．そのような「むら」のうち，ふだんはぺったりくっついているものの，ある時突然すべって地震を発生させる場所を「アスペリティ」と呼んでいる．それ以外の場所は，ふだんからずるずるとゆっくりすべっていたり，アスペリティがすべった後にゆっくりとすべる場所であり，本書では「ゆっくりすべり域」と呼んでいる．(3章1節参照)

The Science of Earthquake Prediction

Edited by

Committee for Earthquake Prediction Studies, Seismological Society of Japan

University of Tokyo Press, 2007

ISBN978-4-13-063706-0

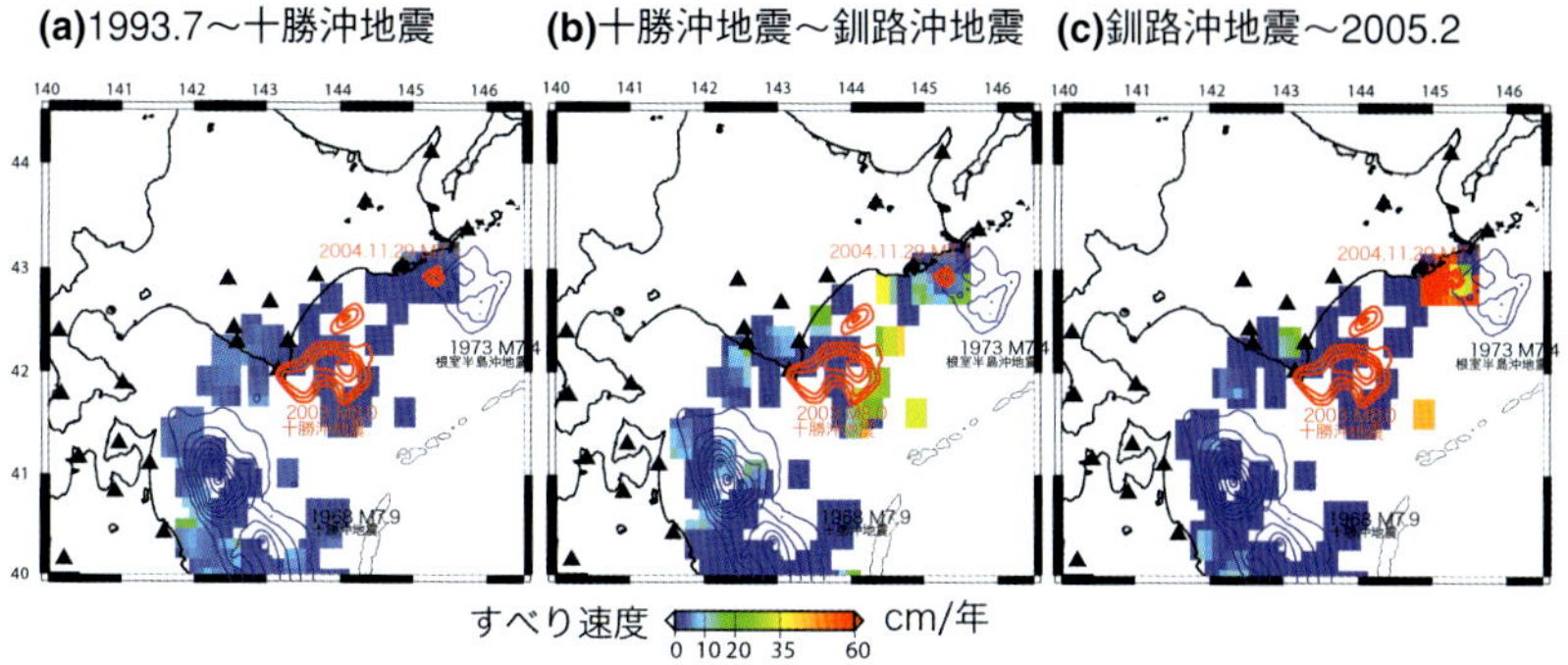

口絵 2　相似地震の解析から2003年十勝沖地震前後のゆっくりすべりの空間分布がわかるとともに，それが過去の大地震で大きくすべった場所（アスペリティ：コンターで示す）と住み分けていることもわかる．また十勝沖地震後にゆっくりすべりが東に広がり，その先で釧路沖地震が発生した．▲は解析に使用した観測点．（大地震のすべり分布のコンターは山中・菊地，2002; Yamanaka and Kikuchi, 2003, 2004; 山中, 2005による；第162回地震予知連絡会資料・東北大学大学院理学研究科に基づく）

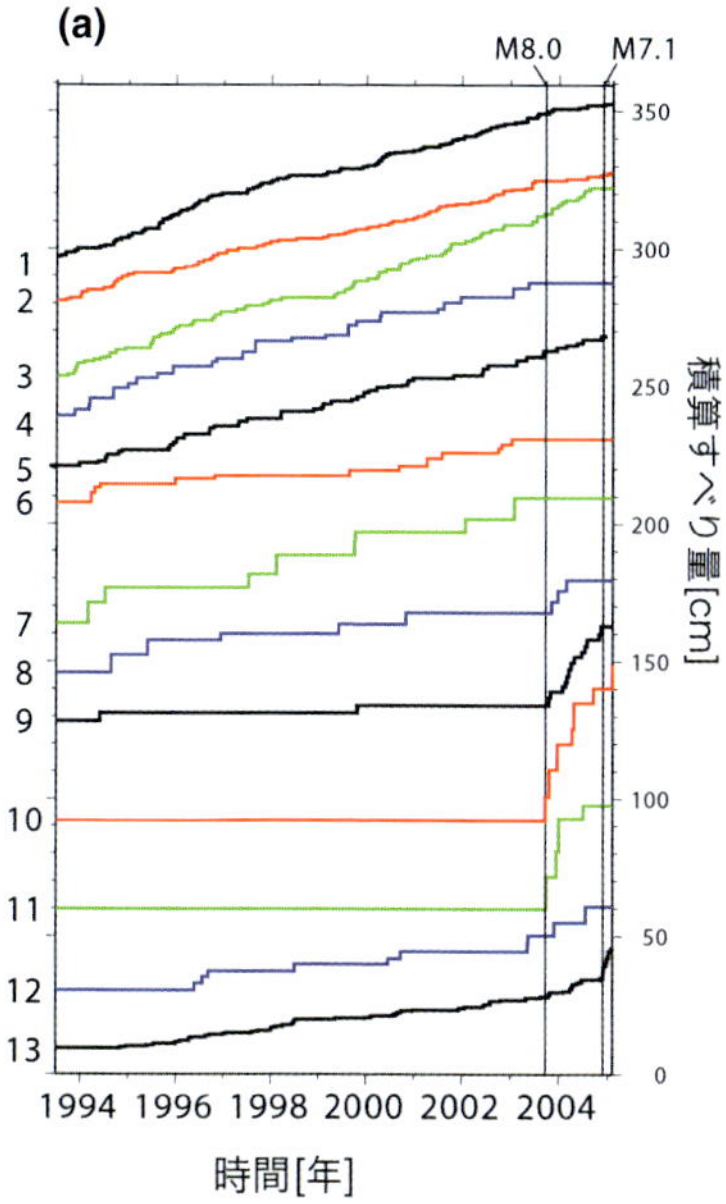

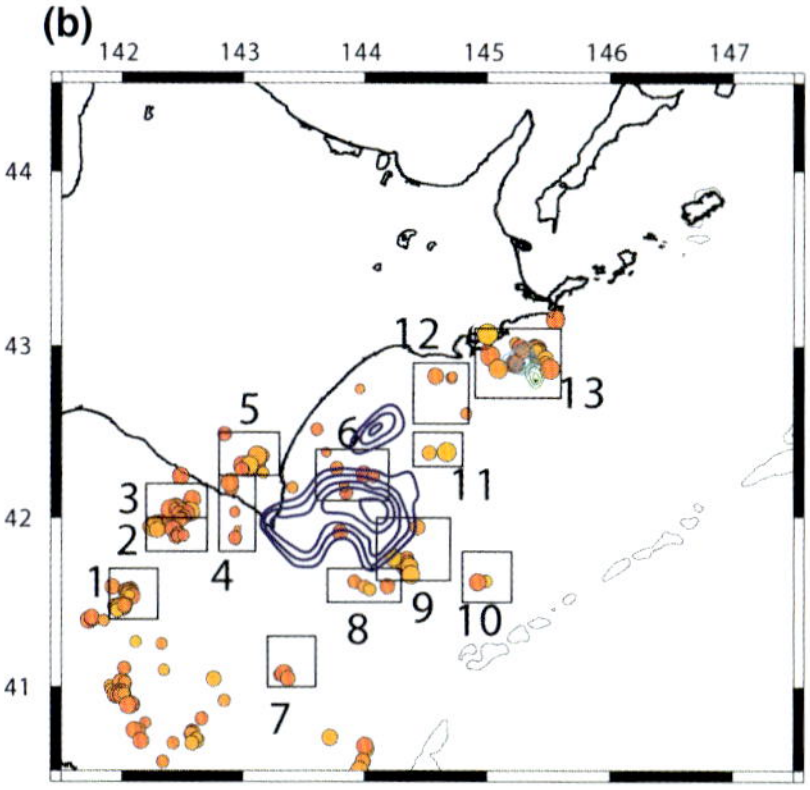

口絵 3　(a) は2003年十勝沖地震前後のゆっくりすべりの積算量の時間変化．(b) の各場所について，ゆっくりすべりの時間変化のしかたが詳細にわかる．いつもゆっくりとしたすべりをしている場所（1～5）もあれば，地震前にはほとんどすべらず，地震直後にすべりが加速している場所（9～11）もあることがわかる．(b) オレンジの丸は相似地震の震央分布．青・水色・緑のコンターはそれぞれ2003年十勝沖地震（M8.0），2004年11月の地震（M7.1），2004年12月の地震（M6.9）によるすべり量分布．（3章2節参照；第162回地震予知連絡会資料・東北大学大学院理学研究科に基づく）

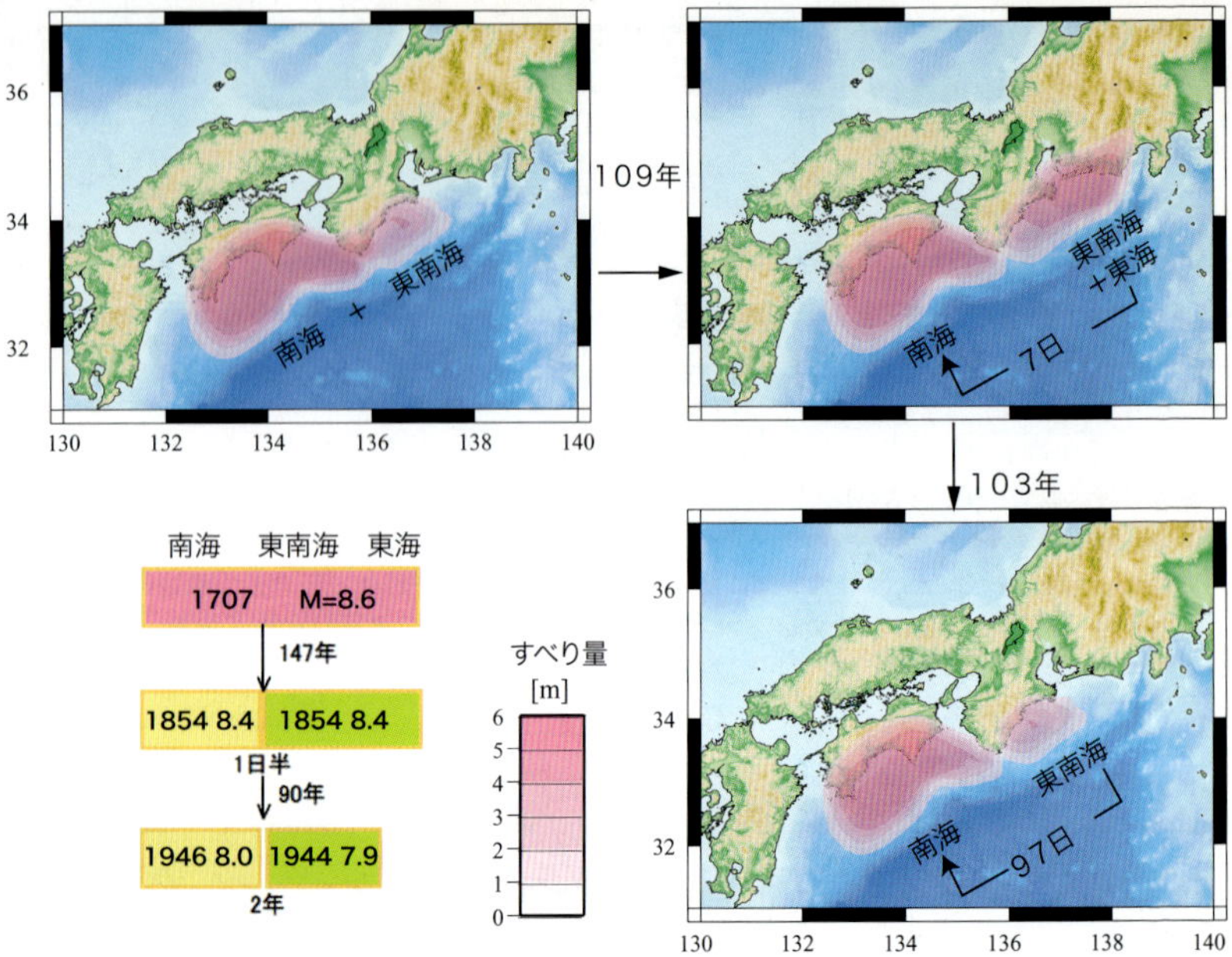

口絵 4　南海トラフ沿いの巨大地震発生サイクルシミュレーションの結果得られた地震時のすべり分布と18世紀以降の歴史地震（左下）.（3章3節参照）

はじめに

地震予知は、地震災害大国たる日本において、最も社会的要求が高い学術分野の一つである。また、科学的見地からも、客観的観測事実から近未来の現象を予測する法則性を見出すという、いわば科学の本質の一つを扱う分野でもある。

地震予知という語句自体は、「地震の発生をあらかじめ知る」という、単純明快な意味を持つはずである［注］。しかし、今なお科学者と一般社会の間、またそれぞれのなかで「地震予知」という言葉の認識に関するさまざまなギャップが存在する。実際、小・中学校の先生に地震の研究をしていることを話すと、「地震雲」の話を期待に満ちた目で相談されることもしばしばある。

この本は、実はわれわれ日本地震学会地震予知検討委員会メンバーのストレスから生まれたといっても過言ではない。というのは、とくに一九九五年阪神・淡路大震災（兵庫県南部地震）を契機として、国家的に整備された「世界でも類を見ない地震・測地観測網」によって、日本列島の地下で起きているさまざまな現象が次々と明らかになり、地震予知につながる多くの重要な発見がなされているからである。もちろん、現状において明日から社会的にも認められるような地震予知ができるわけではないのだが、この一〇年近くの間に、実にいろいろなことがわかってきたのである。

にもかかわらず、テレビや週刊誌などでは相変わらず科学的検証が行われているとは言い難い地震予知のアイデアが好んで取り上げられ、「この手法を用いれば明日からでも地震予知は可能である」かのような記事が安易に流布されることがある。書店の地震予知に関連したコーナーに行けば、科学的なものから占いの類まで、これだけ玉石混交の背表紙が見られる分野も珍しい。一方、一部の科学者の間では、いまだにいつ果てるともしれない原理的な地震予知可能・不可能論争が続けられる。また、一〇年以上前の古い知識や偏った情報に基づく誤解によって、声高に地震予知批判がなされることもある。最近の地震予知に関する科学技術の進歩と、従来からの地震予知の扱われ方とのギャップに、科学的な地震予知に関心のあるわれわれ自身が耐え切れなくなってきているのである。一〇年前に「はやった話」をいつまで繰り返しているんですか？そうではないでしょう？　そう叫びたい衝動がこの本になったわけである。

この手の話を難しく書こうと思えば、数式や科学的論証を駆使することになるのであろうが、それではわれわれの意図する最も大切な本質を伝えることができなくなるので、この本では数式を振り回さないことにした。地震予知に関する教科書的なものは、その時代時代の「権威」と呼ばれる人がま

［注］予知と予測　地震研究者の間でも「予知」という言葉を避け、「予測（＝あらかじめ推し測る）」という言葉を使う動きもあり、一般の人々には理解しにくいところがある。本書では将来の地震発生を事前に予測することを、基本的に「地震予知」と表現することにした。

とめてきているし、明治・大正にかけての震災予防調査会の報告書や、いわゆるブループリントと呼ばれる一九六二年の地震予知計画などのさまざまな歴史的文書は、その時代の科学的知識の限界があるとはいえ、地震予知、防災の必要性に関して、少なくとも一〇〇年にわたって本質的には同じような主張を訴え続けている。つまり、別に大変まじめな本を、われわれが改めて書く必要はなさそうである。すでに科学的な地震予知をご存知の方、あるいは最先端の科学をもっと詳しく知りたい方にはこの本は無用かもしれない。ただ、この一〇年の進歩は専門家しか理解できないことだけではなく、誰にでもわかる本質的な進展だったのではないかとわれわれは考えている。

科学的精緻さを前面に出さず、長期~短期(直前)地震予知の現状について、本質をわかりやすく伝えることを趣旨とする本があってもよいだろう。この一〇年の進歩で何が明らかになり、何が明らかになっていないのか、そしてそのなかで現在、地震予知はどこまで可能なのか、という状況を読者に伝えることができれば、われわれの試みとしては成功であると思う。

一〇〇年近く前にイギリスのリチャードソンは、数値的な天気予報を夢見て「六万四〇〇〇人が大きなホールに集まり、一人の指揮者の元で整然と計算を行えば、実際の時間の進行と同程度の速さで予測計算(数値気象予報)を実行できる」と言ったそうである。現在、数値気象予報は実現され、「え?降水確率が三〇%? じゃあ、折り畳み傘でも持っていくか」というところまで、社会的総意は形成されてきた。同様な地震予知が今すぐ実現できるわけではなく、その道は山あり谷ありであろう。しかし、われわれは、将来の数値地震予報への道のりを一歩一歩着実に進んでいると確信している。

今、われわれは意外とすごいことを知っているんですよ、皆さん。

著者一同

地震予知の科学　目次

本文イラスト●藤村まり子

1——地震の発生をあらかじめ知るとは

1——なぜ人は雲を見ると地震を予知したくなるのか

地震雲の落とし穴

地震雲

「朝、犬の散歩をしていたら今まで見たこともないような真っ赤な空の色で、かつ見慣れない直線的な雲が西から自分のいるほうにまっすぐのびていたんです。これがテレビで言っていた地震雲かとハッとしました。今日は地震が起こるんじゃないですか？　私にだけ本当のことを教えてくださいよ」

写真 1-1　地震雲と主張されている雲（1998 年 10 月 19 日清水市（現静岡市）にて野田洋一氏撮影）

われわれ地震に関わることを生業としているものにとって、一般市民から友人知人、果ては親族、実の親にいたるまで、地震雲や動物の異常行動についての問い合わせのない日はない、と言ってもよいくらいである。見ず知らずの一般の方からの問い合わせならまだ冷静に対応できるが、実の親から聞かれたりすると正直がっくりする。

雲を見ると地震と関わりがあるのではないか？と考える人が多いことには、いくつか理由があると思う。一つは、雲が生じることは非常に日常的な現象なので観察する機会が多いこと（仮に一日中夜だと、流星と地震の関係が語られるかもしれない）、また日本という地震が多く発生する地域では、何らかの現象が地震の発生と関連性を持って見られやすいこと（カラスが鳴くと不幸が起きるというアイデアも大差ないかもしれない）、また気象も地震も自然現象であって、「二百十日に大風が吹く」などということわざにも見られるとおり、もともとわれわれには自然現象に関して何らかの法則性を見出そうとする欲求があること、などであろう。

科学としては「正しい」態度？

最初にお断りするが、雲を見ると地震が予知できるかもしれないと考えることは、「科学」としては「正しい」態度である。観天望気（夕焼けの次の日は晴れ、など）、宏観異常現象（地震の直前に井戸が噴き出る、日頃鳴かない犬がおびえたように鳴く、など）のような自然現象の観察というのは、ある意味「科学」の基本中の基本である。

今でこそ教科書にきちんと収まっている力学、電磁気学などの体系化された学問分野にしても、最初は観察と記載から始まったわけである。一見なんでもない自然現象の中に何らかの法則性があるように見えると人はワクワクしてしまうという感情は、科学としては大変望ましいものなのである。すべてではないにしろ、観察された事実の中には、世界で最も権威ある科学雑誌とされる「ネイチャー」や「サイエンス」に載るような発見も、ごくわずかではあるが含まれるに違いない。

よく「専門家（権威）は地震雲の存在を頭から否定する」という言説を投げられることがあるが、われわれは地震雲にしろ、宏観異常現象にしろ、まったく聞く耳を持たないわけではない。むしろ「頭から否定する人」はよほど科学的素養がない人かもしれない。

仮説は検証しなければならない

仮説は立てられるか

ただし、問題はそこから先である。自然現象から何か法則性が見出されたと考える、これを科学的に検証、証明することが難しいのだ。科学的という言葉を言い換えれば、客観的な証明（近い例で言えば犯罪捜査と同じ）であろう。つまり自分だけがわかっていたり、信じていたりしただけでは駄目で、他人を納得させる証拠なり、論理なりがなければ、道端で交わされる「最近地震が多いですねえ」のような挨拶となんら変わらなくなってしまう。俺はヤツが怪しいとピンときた、だけで捕まえては誤認逮捕になってしまうのだ。

地震学者をはじめとする科学者の多くは、この、自分たちがハッと気が付いたアイデア（＝仮説）の客観的証明ということを日夜続けている。地震雲ばかりでなく、自然現象の中で気づかれるあらゆるアイデアは、ほとんどこの科学的証明というスクリーニング（選別）の篩《ふるい》にかけられる。実際、科学的検証に耐えうる前兆現象というのは、地震雲ばかりでなくとも現状では限りなく少ない。一見、単純明快な関係があると思われる現象が、データを増やして客観的検証作業を行うと、はじめに見えていた関連性が見えなくなってしまう、つまり仮説が棄却されていくことは、科学の世界では日常茶飯事である。一つの科学的な仮説が認められるようになるまでには、まさに仮説が死屍累々なのである。

夜空に妖しい星が現れた！
昔は天変地異として畏れるだけだった彗星も，観察，記載，仮説の提示，科学的検証という過程を経て，今では夜空に現れても誰もびっくりしない．

研究のプロである科学者は、自説の検証作業に、たとえば十年単位の時間をかけて取り組むのだが、一般の人はこの執拗とも言えるスクリーニング作業に途中で耐え切れなくなって、自説の殻にこもってしまうことがある。あるいは反例等が見つかって棄却されてしまった仮説を捨てることができず、最初の思い付きを繰り返すだけだったり、反例そのものを否定することにエネルギーを費やしてしまう。このような落とし穴には、科学を本業としているわれわれすら陥ることがある。まして、科学を本業としていない人はなおさら陥りやすいのである。

「ここまで明白な法則性があるのに、私の言っていることを信じないのか？　専門家はすぐに否定する。私が明らかだと言っている情報を隠蔽しようとしているのは、きっと真実を知られたくない国家権力が手を回しているに違いない。そもそもこの発見は宇宙の真理なのだ！…云々」ということまで持ち出す。こうなると自然科学、近代科学という方法論の中で議論しているわれわれには、もうどうしようもなくなってしまう。もっとも、アイデアの提唱者が非業の死（？）を遂げてから一〇〇年後に、実はそれが正しかったことが証明される、などということも歴史上、まれにあったりするから科学はおもしろい（コラム①参照）。

仮説に矛盾が生じたら，仮説が間違っていると考えるのが健全な科学

とくに地球科学では

われわれが扱う、地震学をはじめとする地球科学に関するアイデア（＝仮説）の場合、その現象の原因は非常に複雑で、検証が難しいことが多い。われわれの手の届かない地下で起きている現象は、実験室で再現することが難しく、また実際のしくみを検証するためには、大規模な観測が必要である場合も多い。ある仮説がたとえ正しかったとしても、答が出るまで何百年も待たなければならないこともある。

再度繰り返すが、雲をはじめとする、身近に観察できる自然現象から、何らかの法則性を見出そうとすること自体は、まったく正しい科学的動機なのだ。われわれは否定するどころか非常に感心する。ちまたにあふれる地震予知に関するさまざまなアイデア自体も、完全に嘘と証明したり即断できたりすることは、想像以上に難しいだろう。地震予知に関するさまざまなアイデアが提案されること自体はよいことだと思う。しかし重要なことは、そのアイデアに対しては必ず科学的かつ客観的な分析が必要で、地球科学、とくに地震予知の場合、それが非常に難しいということなのだ。

雲と地震は関係づけられるか

地震は年間いくつ発生しているか

いま、日本の既存の地震観測網で観測される地震の数はいったいいくつあるか、みなさんはご存知だろうか？　震源が決められているものだけでも年間おおよそ一三万個以上、一日あたり四〇〇個弱である（図1-1）。大きな地震後の余震や群発地震の震源をすべて決められるわけではないし、地震計を増やせば、もっと小さな地震まで捉えることができ、決められる震源の数はさらに増えるだろう。

また図1-2に示すように、地震の発生数はマグニチュードが一つ小さくなると数が約一〇倍に、二つ小さくなると約一〇〇倍になるという性質を持っている。つまり、小さい地震であればあるほど多く発生しているのである。これはグーテンベルク・リヒターの関係と呼ばれている。この性質が、以下に述べるように、地震予知仮説の科学的「検証」を困難にしている一つの理由である。

当てずっぽうでも当たる

仮に、「千葉周辺でマグニチュード（M）六の地震が明日起こる」という「予知」がなされたとしよう。実際にはマグニチュード四・二の地震が発生したとして、

「マグニチュードが二程度小さかったが、場所はちゃんと当たったでしょう？　今後、マグニチュードの予知精度の向上を目指したい」

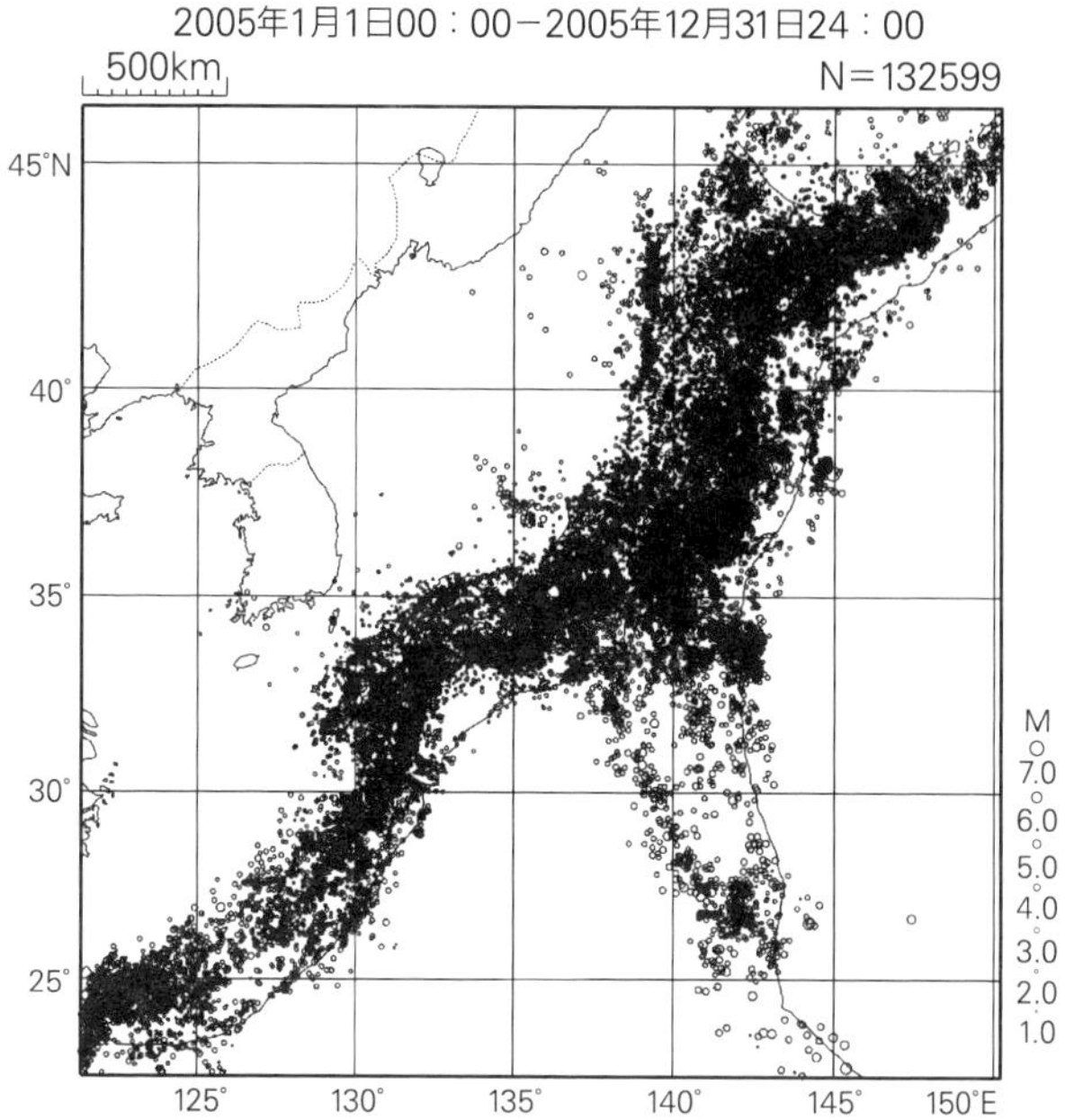

図 1-1　2005 年 1 年間に日本列島周辺で発生した地震の震央分布図（マグニチュード 0 以上，気象庁資料）
13万個以上の震央が日本列島をおおいつくしているのがわかる．

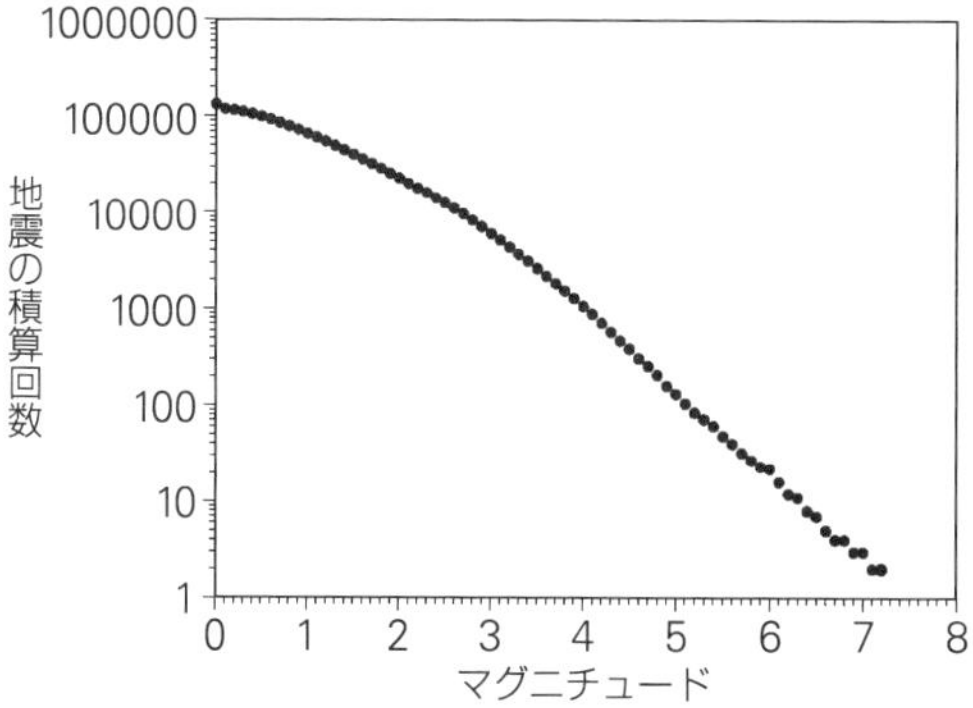

図 1-2　地震の回数積算図（気象庁資料）
積算とはあるマグニチュードより大きい地震の回数の合計を示す．マグニチュードが 1 小さくなるたびに，発生数はほぼ 1 桁増える．より小さい地震まで観測可能なら，地震の検知数はさらに増えるだろう．

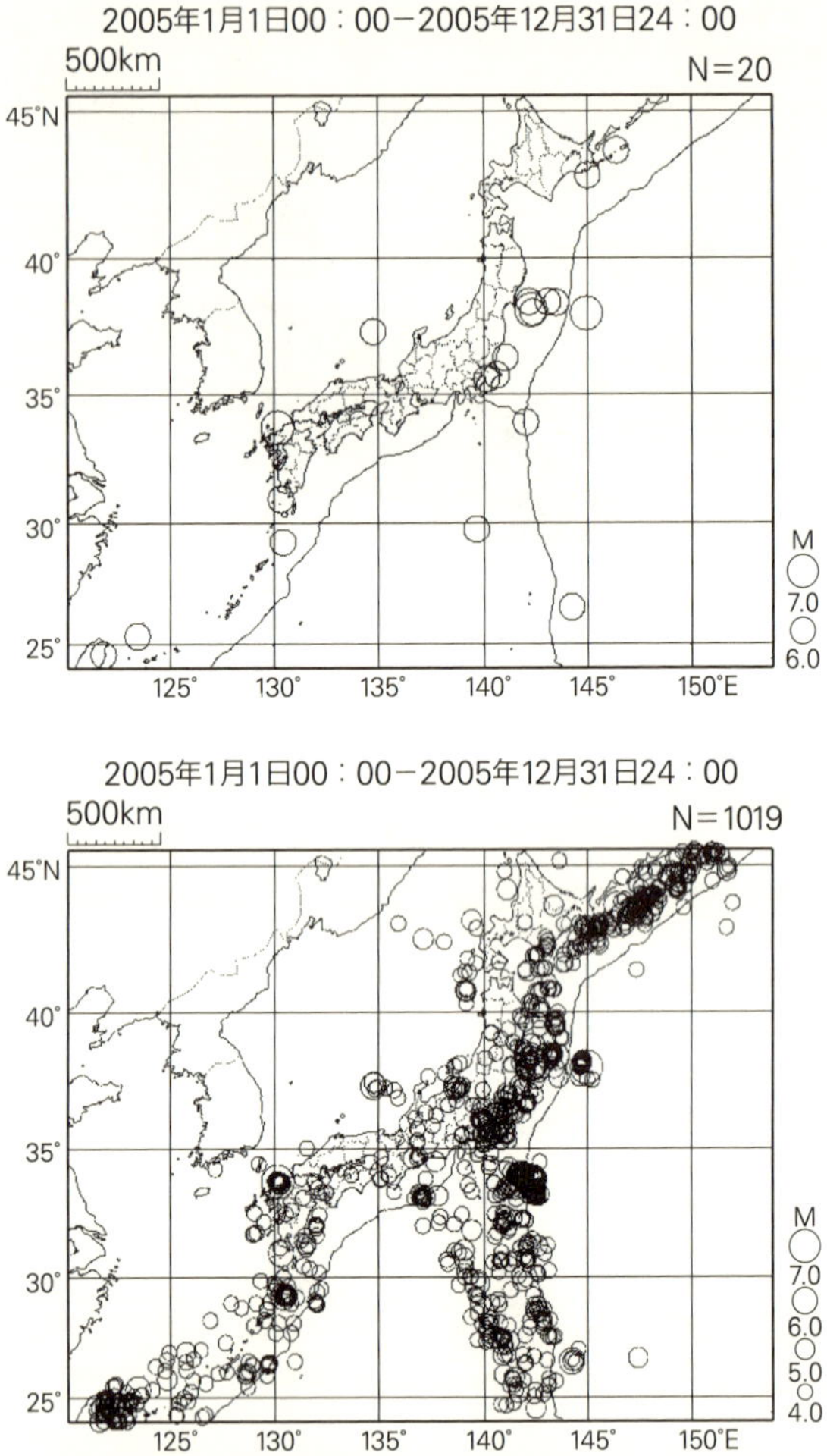

図 1-3　2005 年に発生した地震で，上：マグニチュードが 6 以上，下：マグニチュードが 4 以上のもの（気象庁資料）

などという説明がなされると、この「予知」は当たったものと勘違いしてしまうかもしれない。しかし、この場合、なぜマグニチュードが小さくなったかのメカニズムが追加して提案されない限り、その予知内容の科学的な「検証」はほぼ絶望的となる。マグニチュード六の地震に比べ、マグニチュード四の地震は発生頻度がおよそ一〇〇倍高く（図1-3）、予知が正しかったかどころか、どの地震と関連があるかさえも客観的に示すことが非常に難しくなるからである。

もっと極端な例では、日本有数の微小地震活動域で知られる栃木・群馬県境付近でマグニチュード三の地震を予知し、実は発生した地震はマグニチュード一・九だったけど場所は当たった！というなら、たとえまったく適当に言ったとしても予知できたように見えてしまうだろう。

ここではマグニチュードの予測値のずれを例にとって地震予知検証の難しさの話をしたが、これは「八月四日に地震が起こると言っていた予知情報は、実は八月一一日に起こった地震だった」のような発生時間のずれ、あるいは「横浜と言っていたのが、ちょっとずれて房総沖だった」のような発生場所のずれ、すべてに当てはまるのだ。

地震雲の客観的観測は難しい

前述の例でも、もし前兆とされる現象が非常にまれな現象であり、かつ二四時間三六五日、連続監視可能なものであれば、まだ検証ができるかもしれない。しかし、ご存知のとおり雲が生じるのはまれな現象ではない。「通常の雲」と「地震雲」の客観的分類は困難である。通常の雲と地震雲は明らかに異なることがわからないのか？とおっしゃる方もいると思うが、まずそれならば、通常の雲と地震雲を形状や色、出現時間などで分類しなければならない。これは提案者だけではなく、第三者が客観的に分類できる必要がある。さらに該当する雲が現れて該当する地震が起きた事例ばかりではなく、該当する雲が現れて地震が起きなかった例、該当する雲が現れず地震が起きた例、該当する雲が現れず地震も起きなかった例も客観的なデータとして必要である。

ちなみに、曇りの日はいったい何日ぐらいあるのかを調べてみた。気象庁資料に雲量が八・五以上の日の統計がある（雲量とは、一〇が全天雲だらけ、〇が快晴を表す）。一日四回の観測の平均値なのでそれですべてではないものの、二〇〇五年に雲量が八・五以上の日は東京が一三八日、金沢が一八七日である。一年の三分の一以上の日数である。昼間の晴れた日はともかく、出現率の高い普通の雲と、それとは異なって見えるらしい地震雲を選び出し、その上で一年に一三万個以上発生しているどの地震と関連があり、どの地震と関連がないかの検証作業を客観的に行うとすれば、「発見した」「確信した」「絶対関連がある」と言うまでには膨大な時間が必要だろう。そのような検証を経て地震雲で地震を予知したという主張には、残念ながらこれまで出会ったことがない。大抵は発生した地震の日時と雲の写真を数枚見せられるだけである。

地震雲に求められる科学的ルール——仮説と検証

地震雲のように経験的な手法で地震予知をやろうと思えば、①地震前の異常現象などの事例を収集する、②その中の規則性を見出す、③事例を説明する仮説を立てる、④仮説を検証する、というプロセスを踏むことになる。そして仮説が検証できれば、仮説は定説となる。しかし、仮説を検証することができなかった場合、その仮説は捨てられなければならない。検証不能な仮説（第三者による独立な観測・手法で確認することができない仮説）は真っ先に捨てられる。その場合③に戻って新たな仮説を立てるか、②の規則性を見直すか、場合によっては①にまで戻らなくてはならない。これは、プロ（研究を職業としている人）であれアマチュアであれ、科学者が守らなければならないルールである。科学の進歩の中で、無数の仮説が立てられ、その多くが捨てられてきた。地震予知とてその例外ではない。

反例があるものは仮説として生き残れない

前述した①における望ましい事例集とは、(a)異常な雲が存在し地震が起きる場合、(b)異常な雲が存在したのに地震が起きない場合（空振り）、(c)異常な雲が存在しなかったのに地震が起きる場合（見逃し）、(d)異常な雲が存在せず地震も起きない場合、がすべて明らかになっているものである。しかしながら、地震雲研究者が報告する事例は一般に(a)のみであることが多いため、結果として「地震雲＝地震前に異常な雲が発生する」という仮説は、科学的に検証不能になっている。地震雲の存在する可能性はゼロではないが、上記科学のルールにのっとれば、「検証に耐えない仮説」である。地震雲研究者に求められているのは、不完全な事例の上に、規則性や仮説といった「砂上の楼閣」を積み上げることではなく、(a)〜(d)をそろえた価値ある事例集を作ることである。全天の雲を二四時間観測することは大変だからこのような事例集を作るのは困難だろうが、それができない限り科学のルール上、地震雲の仮説は死ななければならないのである。

ここでは地震雲を例として述べてきたが、この考えは前兆とされる現象によって経験的に地震予知をする場合すべてに当てはまる。前兆とされる現象が発生し、地震が起きた際に予知結果が「当たった、外れた」という二者択一で単純に議論されることは、賛成者も反対者も熱は帯びるであろうが、科学的に見て本質ではない。むしろ、日頃、地震が発生している発生していないにかかわらず、前兆とされる現象と地震発生を結ぶしくみを明らかにすることが本質であると考える。

コラム①●プレートテクトニクスを否定した地球物理学者

今では当たり前のように教えられている科学や概念の中で、一昔前までは賛成・反対意見が真二つに分かれていたものがあった事例は決して珍しいことではない。

一九八〇年代、大学で地球物理学を専攻するか地質学を専攻するかを選択することは、単に専攻を選ぶ以上の要素が残っていたような覚えがある。一九六〇年代にプレートテクトニクス、つまり海洋底(岩盤)が海嶺で生成されて水平に移動し、海溝で沈んでいくという仮説が提唱されてから、多くの科学的な議論、検証作業を経て二〇年あまりがたち、ようやく定説として認められつつあったころである。構図としては、地球物理学的なものの見方をする研究者にはこの仮説を受け入れる人が比較的多く、現地調査などで実際に試料を採取して地史を調べる研究者には、この仮説を天下り式に受け入れることを拒んだ人が比較的多かったように思う。

ところが、プレートテクトニクス仮説が生まれるもっと以前、大陸移動説を唱えたアルフレッド・ウェゲナー(一八八〇〜一九三〇)は、その学説を地球物理学者から否定されたことで知られている。大陸は上下運動しかしないと信じられていた当時、気候学者だったウェゲナーは、氷河地形や化石の分布などから南アメリカとアフリカ、南極は、もともと一つの大きな大陸だったものが分裂して移動したという仮説を提唱した。ところが、当時の地球物理学者は、大陸を水平方向に移動させる原動力を説明できないとして、ウェゲナーの仮説に冷淡に対応した。その後、ウェゲナーはグリーンランドで遭難死し、大陸移動説は科学の表舞台からいったん消える。それから三〇年以上経ったのち、海洋物理学者による平頂海山や海底の地磁気の縞模様などの発見により、大陸移動説はプレートテクトニクスとして劇的な復活を遂げたのである。

ちなみに地震学者は、日本列島の直下で深発地震の分布が斜めに深くなっていくことを比較的早く知っていた。今でこそ、この地震の分布は海溝からプレートが沈み込む姿を示すとされているが、当時はプレートテクトニクスという概念までは辿り着けなかったらしい。個々の学説ではなく、多くの学説の元になるような概念を提唱するということはなかなか容易ではない。

写真　アルフレッド・ウェゲナー（1880-1930）（Alfred Wegner Institute for Polar and Marine Research）

2——地震予知とは何か

地震とはどんな現象か——近代的地震像

ところで、地震とはいったいどんな現象なのだろうか。

地震はなぜ起こるのか？という疑問に対して、近代以前は神の怒り、地下の鯰がさわぐ、地下にある空洞の陥没など、さまざまな理由が唱えられてきた。近代になっても、地震が発生した結果として断層が生じたのか、断層がずれた結果として地震が発生するのかという議論が長く続いた。この議論に決着がついたのは、一九六〇年代に入ってからである。

おおよそ二〇世紀以後の近代科学によって明らかにされたこととして、

・地震とは地下で発生する岩盤の破壊現象のことである。破壊というと、壊れることをイメージするかもしれないが、岩盤が地下のある面＝断層を境に「ずれる」現象のことである。

・断層はある一点（震源）からずれ始め、ずれはある広がりを持った面全体に広がる（図1-4）。ずれる面積が大きいほど地震の規模は大きい。

・断層のずれは一瞬で起こるわけではなく、秒速二～三kmで広がるため、全部がずれるには時間がか

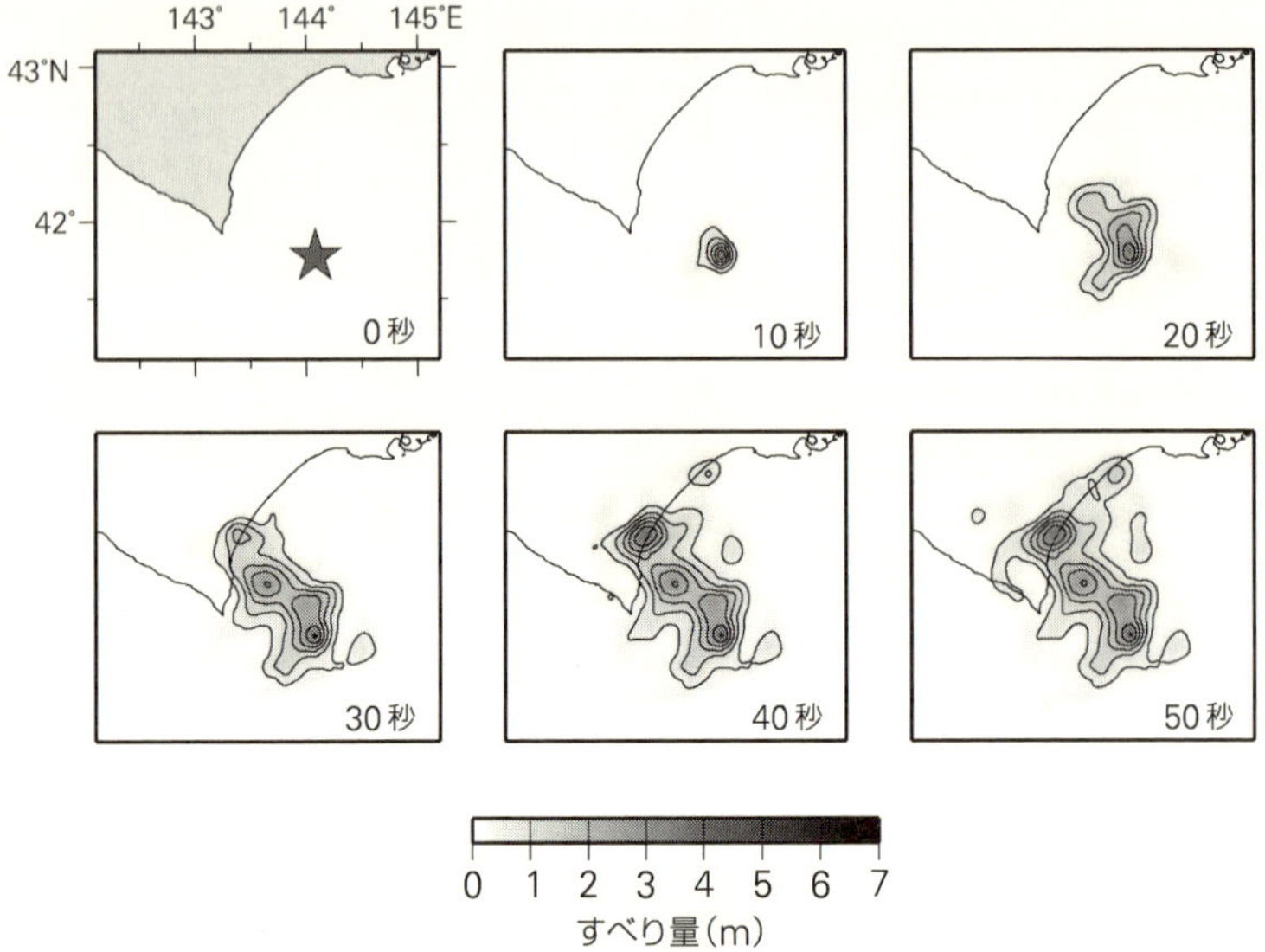

図1-4　2003年十勝沖地震の断層すべりが広がっていく様子を10秒ごとに示す
（筑波大学八木勇治氏作成）
震源（星印）ですべりが発生し，その後，破壊が陸に向かって伝播する様子を示す．

かる。
・断層がずれる際に地震波が生じる。地震波は周囲に伝わり、広がっていく。
という重要な知識がある。

震源というのは、断層がずれ始めた点のことである。テレビなどではよく震源をバッテン印で描くことが多く、大きな地震でも小さな地震でも同じ大きさの印で示されるため、なかなかこの断層の大きさという概念が定着しないのだが、たとえば二〇〇四年末に発生したスマトラ沖の地震（M九・一）では、ある解析によると約一二〇〇km×二〇〇kmの広がりを持つ断層が、五〇〇秒ほどかけてずれた。東京から沖縄近くまでの長さを持つ断層が一〇分近くかかってずれたことをご想像いただきたい。

このような断層のずれ、つまり地震は、地下の岩盤にたまった歪《ひずみ》を解消する現象である。特に日本列島では、太平洋プレートなどの沈み込みによって、地下の岩盤がぎゅうぎゅうと押されつづけていると考えていただいてよいだろう。押されることによって蓄積する歪は日々増加し、ある時、岩盤の弱い部分、つまり断層（プレート境界も含む）がずれることによって解消されることになる。地震の「原因」は地下の歪であるといえる。

将来の地震発生を予測すること

「地震予知」という言葉の意味は、地震の発生を予め知るということである。人間が地震の発生をあらかじめ知りたいと思うのは、地震が人間の生命、財産に多大な被害をもたらしてきたからである。本書は「地震予知」に関する解説書であるが、「地震予知」という場合の「地震」とは、地下にある断層が急激にすべる現象である。これは地震学者がしばしば用いる狭義の「地震」である（図1-5）。

一方、断層のずれによって生じた地震波が地表まで到達すると、われわれは「ゆれ」を感じる。地面のゆれを感じたとき、とっさに「地震だ！」と叫ぶことを考えると、地震予知で多くの人が知りたいと思うのは、狭義の「地震」の発生というよりむしろ、個々の地点のゆれであろう。しかし、それをあらかじめ知るためには、狭義の「地震」を予知する必要がある。一般に、地震によるゆれは地震の規模が大きくなればなるほど大きくなるし、地震の震源に近ければ近くなるほど大きくなる。した

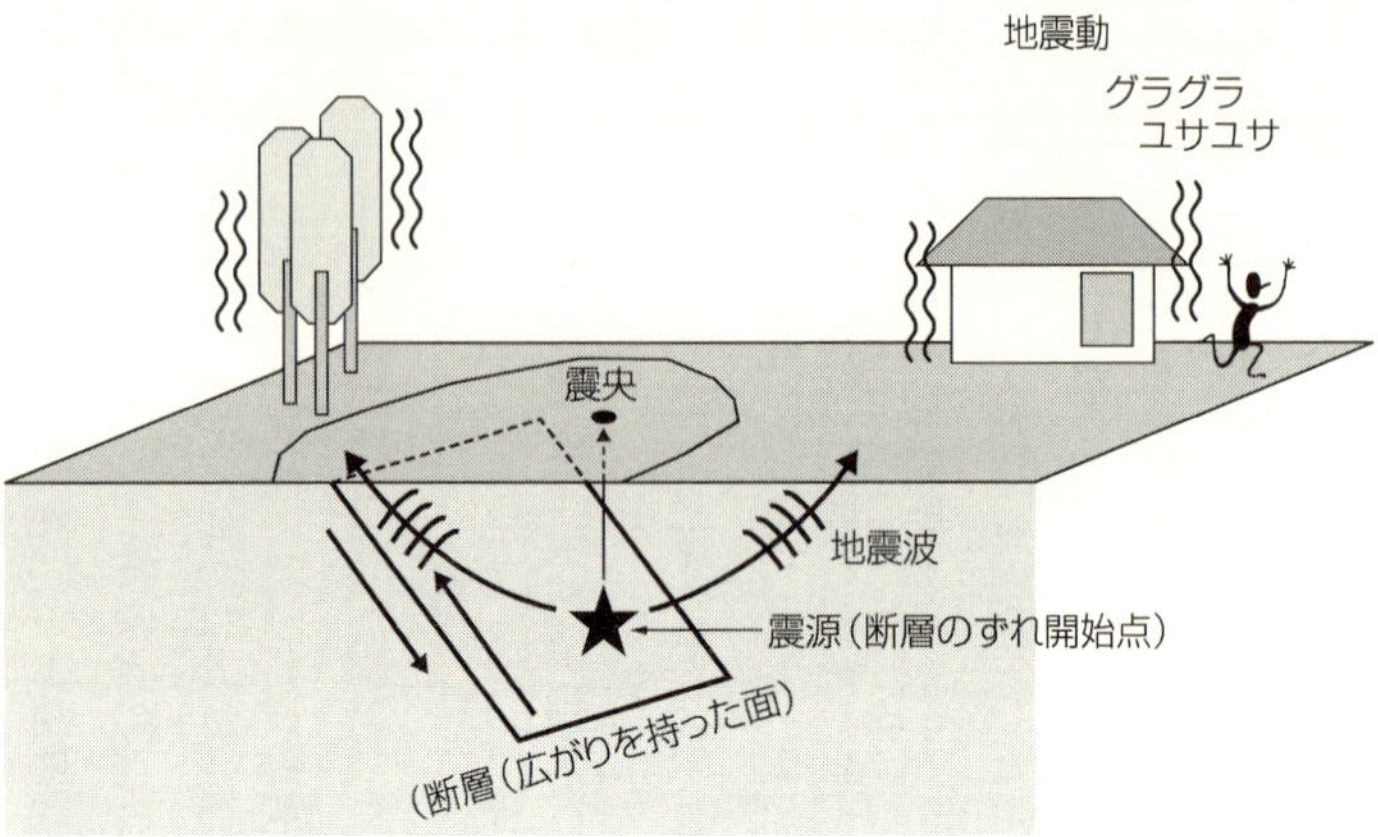

図 1-5　近代的地震観
地震＝地下で発生する断層のずれ現象は原因であり，ゆれ＝地震動は結果である．地震動そのものも地震と呼ばれることがある．

がって、まず「地震」の発生を予知することが、地震災害の軽減に不可欠な情報となる。

いつ、どこで、どのくらい

地震の発生を予知する上で重要になるのは、地震が「いつ」発生し、「どこ」が震源となり、断層から「どのくらい」の大きさの波が出るかということである。このうち「どのくらい」は「マグニチュード（M）」と呼ばれており、断層のずれる規模を表している。これがわかれば、後で述べるように、地表でのゆれの強弱も予測することが可能である。地震が「いつ」、「どこで」、「どのくらい」の規模で発生するかは、地震予知の三要素と呼ばれていて、これらを地震発生前に実用的な精度で知ることが必要とされている。

しかし、地震の発生を予め知るといっても、一〇〇％正確に知ることは不可能であり、自然現象の予測につきものの不確実性がかならず伴う。地震予知には不確実性が伴うことを前提として、予知の精度によってどのような災害軽減策に役立つかを知る必要がある。

地震予知の三要素のうち、「どこで」「どのくらい」の規模で地震が発生するかについては、後述するように、調査の進んでいるところでは、現在でもほぼ実用的な予知ができていると言ってよい。たとえば、東海地震や東南海地震の震源域で発生する地震がマグニチュード八クラスであることはほぼわかっている。また日本の陸地にある活断層については、断層の長さや地形から地震の規模を推定することができる。

ゆれも予測できる

地震予知の三要素に加えて、個々の場所においてどの程度ゆれるかという震度の予測も防災には重要な要素である。地震予知に対する個人レベルでの最大の関心は、自分のいる場所の震度がどれくらい大きいか?ということであろう。地震の震源がほぼ同じでも、震源域の中ですべりがどこから始まって、どの方向にすべりが進んだのか、地震波が伝わってくる途中の経路、その場所の地下構造や地盤によって、ゆれ（地震動）は大きく異なってくる。よって、震度の予測も決して簡単ではないのだが、最近の地下構造の探査や計算手法の開発・改良によって、この分野の研究は大きく進展している。地震予知の三要素のうち「どこで」「どのくらい」が精度良くわかれば、その地震が起きたときの各地の震度の予測もできるようになりつつある。

コラム②●「地震」という言葉

大変困ったことに「地震」という言葉には二つの意味があり、現在それらは曖昧に用いられている。近代科学によって地震は「地下で断層がずれる現象」であることが明らかになったことはすでに述べたが、小難しい科学を振り回さなくても、太古の昔から人間は地面がゆれる現象を知っていた。日本では「ナヰフル（なゐ＝大地、ふる＝振る）」と称していたらしいが、それに当時の最先端の外国語を輸入して「地震」と書くようになった。つまり、地震という言葉は、現在、「地下で断層がずれる現象」にも、「断層がずれたことによって発生した地震波が伝播してきて、われわれの足元がゆれる現象」にも、二つの意味で使われているのである。前者を地震、後者を地震動（地震のゆれ）と再定義しようとする意見もあるが、どちらを地震の概念とすべきか？についてはたまに思い出されたように熱い論争が繰り返される。

われわれがふつう「あ、地震だ！」というときには、どこで断層がずれたのだろう？とはとっさに考えない。ただし、地震の震源は地下にあることは、たとえゆれを「地震」という場合にも暗黙の了解となっている。トラックが近くを通って不意にゆれを感じた場合、「地震？」「いや、トラックだよ」という会話は普通に交わされる。

このように地震に二つの意味があることが、さまざまな混乱を招いている。最も困るのは、「地下で断層がずれる現象」の規模の大きさを表す数値としての「マグニチュード」と、断層がずれたことによって発生した地震波が伝播してきて、われわれの「足元がゆれる現象」の強弱を表す数値としての「震度」が混同されることである。マグニチュード七の地震が発生することと、震度七のゆれが発生することとは、まったく異なることである。「地震」という言葉の意味が二つある状況のもとで、「今後マグニチュード六程度の余震が発生する可能性がある」という情報を聞いたとき、震度六弱のゆれに襲われるかもしれないと考える人がいるわけである。中には似たような値をとるのが誤解のもとなので、どちらかを一〇倍にしたらよいと主張する人もいる。

「地震予知」という言葉も同じである。人々は非常に素朴に「今、生活しているこの場所がいつ強くゆれるのか?を教えてくれれば命が助かるかもしれない」と考え、「地震を予知して欲しい」と願っている。ところが科学者は、地震とは「地下で断層がずれる現象」のことで、この現象を解明しないと地震予知はできないと考えている。実は、現在の科学技術レベルでも、「今、生活しているこの場所がいつ強くゆれるのか?」は知ることができる場合がある(4章の「緊急地震速報」の項参照)。多くの一般の人々はこれも「地震予知」のように受け止めているが、これは科学者の定義では「地震予知」と呼ぶことはない。たかが言葉、されど言葉である。

数十年の長期予知、数年の中期予知、数日の直前予知

地球科学の世界では、数万年~数億年の時間スケールで考える地質学のような分野もあれば、一〇〇分の一秒よりも短いような時間分解能を要求される地震学の分野もある。当然、これらの分野では時間スケールの「常識」も異なるので、地質学の世界でいう「ごく最近」が数千年前のことだったり、地震学の世界でいう「長周期」の地震動が数秒の周期でのゆれのことだったりして、一般社会の感覚

表 1-1　地震予知の分類と手法

	時間スケール	手法
長期予知	数百年〜数十年	過去の地震発生履歴を用いて統計的に予測する
中期予知	数十年〜数カ月	現在の観測データと物理モデルを用いてシミュレーションによって予測する
直前予知	数カ月〜数時間	地震直前に現れる現象（前兆現象）を捉えて予測する

と異なることも多い。地震予知の世界においても、地震が想定されるまでの時間やその精度によって、長期予知、中期予知、あるいは直前予知などという言葉が使われるが、実際どの程度の時間スケールを指すのだろうか？

長期・中期・直前の地震予知では、その予測手法も大きく異なっている（表1-1）。大雑把な時間スケールの目安を示すとすれば、長期予知とは数百年〜数十年、中期の場合は数十年〜数カ月、直前の場合は数カ月〜数時間以内に発生する地震を対象にすることが多いようである。また、この時間スケールには、地震発生の時間をどの程度に絞り込めるかという予測の時間精度も関係しており、通常、長期予知といった場合には、発生時間の誤差も数百年〜数十年と考えなければならない。

過去の履歴に基づく長期予知

過去に発生した地震の履歴をもとに、将来の地震発生の時期をおおまかには予知することができる。たとえば、ある場所である規模の地震が約一〇〇年おきに発生していたとしよう。最も新しい地震が七〇年前に発生したとしたら、次の地震は約三〇年後に起きる可能性が高いことがわかる。このような予知は、すでに政府の地震調査研究推進本部によって「地震の長期評価」

として実現している(http://www.jishin.go.jp/)。ただし、地震発生間隔にはばらつきがあるため、今後三〇年間の発生確率として表現されていて、たとえば、

「今後三〇年以内に、宮城県沖を震源とするマグニチュード七・五程度の地震が発生する確率は、九九%です」

という表現となっている。このような予知を、本書では「長期予知」と呼ぶことにする。長期予知は都市計画や建物の耐震化、長期的な地震防災意識の向上に活かされるべきものである。

この長期評価と呼ばれている地震発生予測は、過去に起きた地震の発生パターンから将来を予測するため、大きな誤差が伴う。ある場所で発生する地震の繰り返し間隔は、沈み込むプレート境界の地震で五〇年から一五〇年程度、内陸の活断層で起きる地震では五〇〇年から二〇〇〇年以上というように、人間の生活のサイクルに比べると非常に長い。また発生間隔も三〇%くらいはばらつく。そのため誤差が非常に大きくなる。

そのような大きな誤差を伴ったものは地震予知ではないと読者は感じるかもしれないが、将来の地震を予測しているという意味で地震予知なのである。ただ何年何月何日と言えるような予知はできず、たとえ地震発生直前の状態になっていたとしても、どの程度切迫しているかわからないのが欠点である。たとえば一九九五年の兵庫県南部地震発生直前の地震発生確率は三〇年でせいぜい八%であった。この数字ではとうてい切迫しているという印象は受けない。

長期予知については、本章3節で詳しく解説する。

地殻の観測データに基づく中期予知

このような長期予知の欠点を克服するためには、地震がどの程度切迫しているかを、現時点までの観測データに基づいて推定する必要がある。そのためには、日本列島で発生する地震や地殻変動をくまなく観測している地震観測網やGPS観測網などによる地震活動や地殻変動データなどを用いる。現在日本列島には一二〇〇点以上の高感度地震観測点があり、マグニチュード一・五以上の地震ならば、日本列島のどこで起きても確実に捉えることができる。これは世界でも類を見ない観測体制である。また一三〇〇点以上もあるGPS観測点によって、日本列島が時々刻々と変形していく様子も手に取るように明らかになってきた（図1-6）。このような地震活動や地殻の変形は、日本列島の地下における応力のかかり具合や、断層やプレート境界におけるすべりを反映している。特にここ一〇年間の観測研究の進歩により、プレート境界ではさまざまな種類のゆっくりとしたすべりが発生していることが明らかになってきた。

その結果、特にプレート境界の地震については、地震が発生する様子が非常によくわかってきて、いくつかの地震については、コンピュータのシミュレーションによって発生パターンが再現できるようになってきた。このような研究の発展により、近い将来、場所によっては「今後五年以内に地震の発生する確率が八〇％」というような精度の高い予知ができるようになるかもしれない。このような予知ができるようになれば、行政レベルで長期予知よりも具体的かつ集中的に耐震補強などの地震防災対策を実施することができるし、個人レベルでも防災対策を進めることができるだろう。このよう

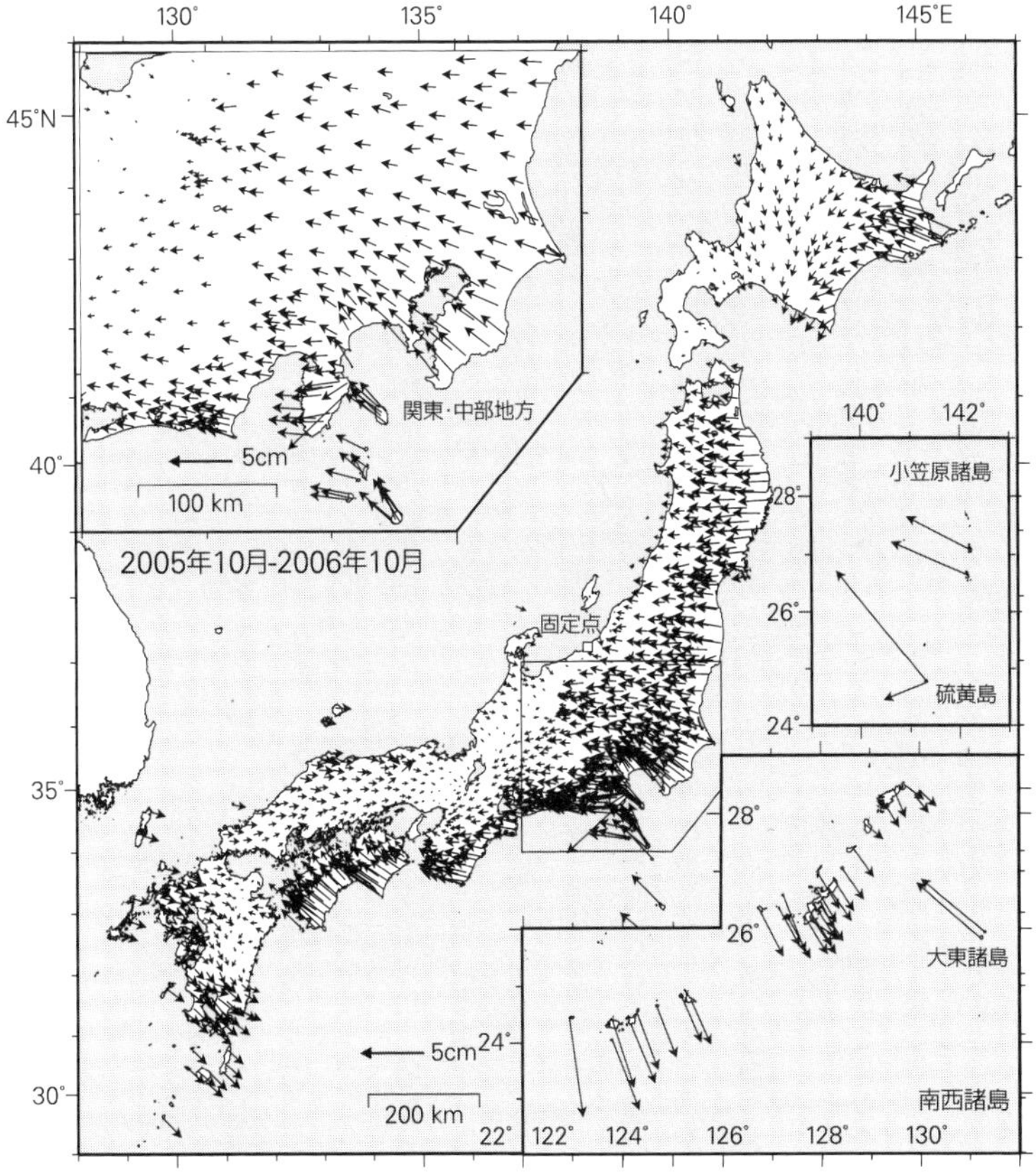

図 1-6　GPS観測網により明らかになった日本全国の地殻変動

新潟県大潟観測点（図中に固定点と示す）に対する2005年10月から2006年10月までの各観測点での変動を矢印で示す.

な予知を本書では「中期予知」と呼ぶことにする。中期予知に関しては3章で詳しく解説する。

前兆現象に基づく直前予知

地震発生の直前に警報を発することができれば、多くの生命を守ることができる。そのためには、地震の前兆現象を活用した予知が必要となる。このような予知を、本書では「直前予知」と呼ぶことにする。

地震発生の直前にしか起きない現象があって、その発生を監視し、地震発生に向かっていよいよ地殻が動き始めたかどうかを判断することができれば、精度の高い予測が可能になる。東海地震については、このような前兆現象のうち、プレート境界で発生する「前兆すべり（プレスリップ）」という現象の監視を気象庁が行っている。「前兆すべり」とは、地震発生直前に、ふだんは固着している震源域の一部がゆっくりすべりはじめるという現象で、岩石試料を用いた室内実験で捉えられているとともに、理論的にも観測可能な前兆すべりが起こる場合があるとされている。前兆すべり以外にも、地震の前兆とされる現象が多く指摘されているが、しくみも含めて検証されたものはまだないのが現状である。前兆すべりでさえも、実際に観測されたことはない。

直前予知は人命を守る上で究極の方法であるが、予知をしただけでは社会が混乱するだけである。情報伝達のしくみや、対応まで事前に決めておいて初めて直前予知が役に立つ。そのための法律が大規模地震対策特別措置法（大震法）である。東海地震の直前予知ができるかどうかは、確実ではない。

しかし、明らかな前兆現象が現れた場合に、人間社会の側に情報伝達のしくみや対応までの取り決めが整っていなければせっかくの予知が役に立たない。直前予知の詳細は、主に4章で解説する。

天気予報と地震予知を比べると

同じ自然現象の予知という意味で地震予知とよく比較されるのは、気象に関する予知、すなわち天気予報である。われわれがふだんテレビや新聞で目にするように、明日の天候や気温などを予測する天気予報は、われわれの生活になくてはならないものであり、十分に役立つ予測が実用化されている。わが国の天気予報に関しては、一八八四年六月一日に初めて予報が出されて以来、一二〇年の歴史が積み重ねられており、その情報の詳しさや精度は年々向上されている（図1-7）。

たとえば、台風は、地震と同様、日本列島に大きな災害をもたらしてきた。台風の進路予測は、台風がいつ、どこで、どの程度の規模になるのかを予測することであり、地震予知の三要素にまさに対応する。また各地の被害を考える場合は、風速や雨量を知る必要があるが、これは地震では各地の震度の情報に相当する。気象の世界では、台風の進路予測や各地の風速や雨量に関するピンポイント予報をするまで実用化されている。地震予知、なかでも直前予知において、伝えるべき情報の種類や伝え方について学ぶべきことは多い。

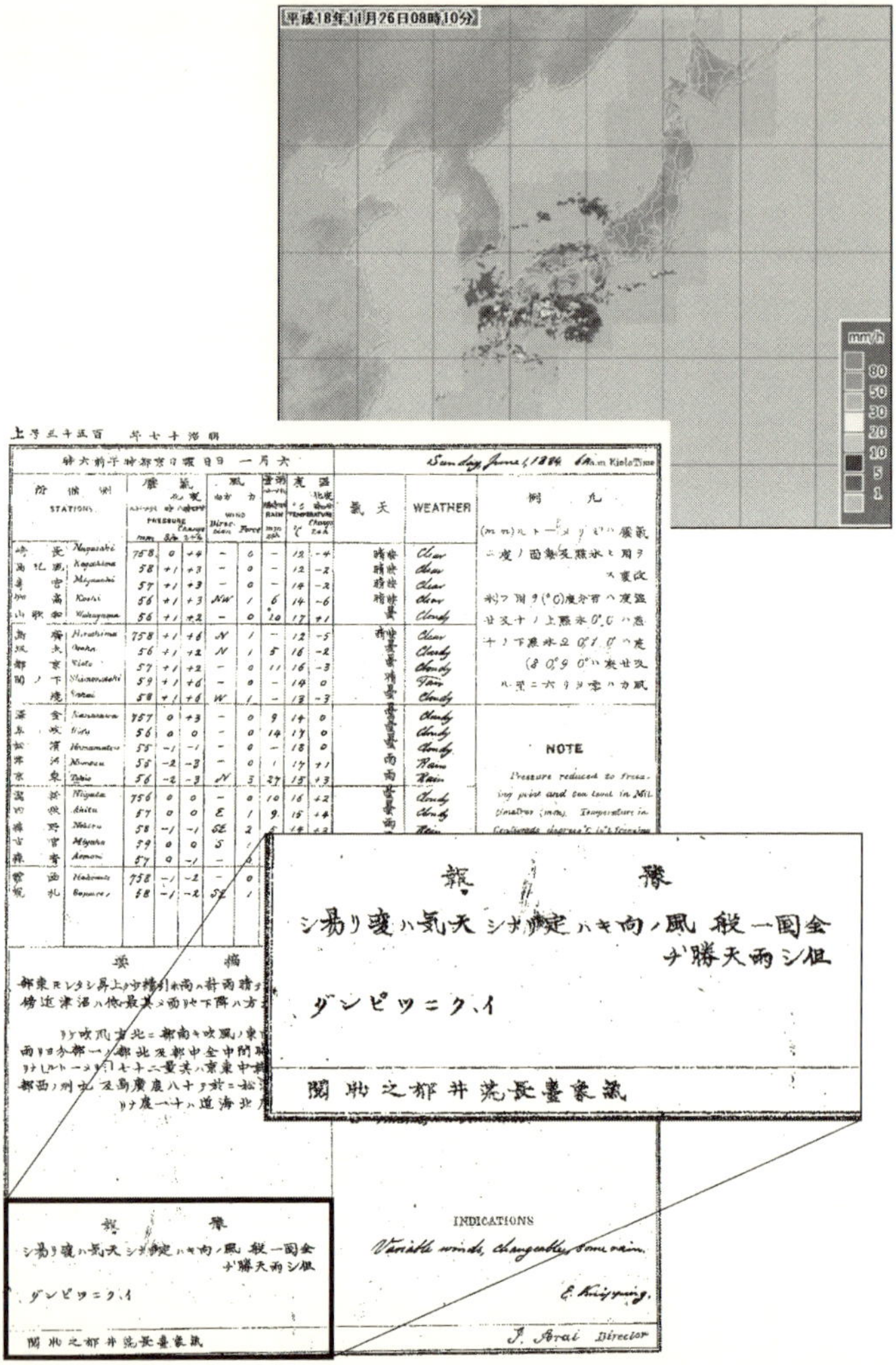

図 1-7　降雨状況をリアルタイムで予測するレーダー・降水ナウキャスト情報（上）と，1884 年 6 月 1 日午前 6 時観測結果と天気予報（下）（気象庁ホームページ，「天気図明治 17 年 6 月」気象庁資料より）

地震予知も確率予測

不確定性や誤差から免れられない将来の予測に対して、地震予知で確率による表現方法が導入される以前から、天気予報では降水確率予報や季節予報において確率を用いた予測が行われ、広くその予測情報が公表されている。より正確に言うなら、天気予報でも最初から確率を用いた予測が行われていたわけではない。日本で最初の天気予報は「全国一般風ノ向キハ定リナシ天気ハ変リ易シ　但シ雨天勝チ」だった。それが観測技術の進歩や数値予報モデルの導入、コンピュータの高性能化などによって確率予測が一般的になるまで進歩したのである。

われわれは出かけるときに降水確率が何パーセント以上だと、傘を持って行くだろうか？　人によってその基準はまちまちであろうが、少なくとも各個人が降水確率を理解して、傘を持っていくという判断を下している。すなわち、天気予報に関しては確率予測の意味を理解し、自分で判断ができるほど社会も成熟していると言える。地震予知についても、情報の公開と啓発活動を通じて社会が確率予測を理解し役立てられるように、地震の研究・行政機関および研究者は努力していく必要がある。

天気予報と地震予知の違い

天気予報と地震予知には大きな違いもある。それは対象とする現象の時間スケールの違いである。地震の場合、その発生準備には数十年〜数千年という長い時間がかかる一方で、ひとたび発生すれば長くても数分ですべてが終わってしまう。

台風の場合は発生の準備はどんなに長くても一年以内の現象であり、発生してから何日かかけて日本に到達し、また何日かかけて通過していく。地震の中期予知に対応する数値気象予報が日単位の精度で可能なのは、台風に限らず気象現象がそもそもそういう時間スケールで起きているからこそである。逆に言えば、数値気象予報で数年後の○月×日に巨大な台風がある地域を襲うことを予測するといったことは不可能なため、台風が接近してからの数日以内でできる応急措置をするしかない。

地震の場合は数年〜数十年単位での予測が原理的に可能であり、時間のかかる防災対策を講じることができる。また津波予報や最近始まった緊急地震速報（4章）は、地震発生後のわずかな時間を使って防災対策をしようとするものである。このように対象の性質に合わせて引き出せる情報を最大限に活かして防災対策を進めていくという視点が重要なのである。

3―長期予知と場所・規模の予知

長期的な予知は現在でもできている

先に述べたように、過去にどのような地震が発生したかを知ることによって、将来「どこで」「どのくらい」の規模の地震が発生するかについての予測をすることを地震の長期予知と呼ぶ。このような予知は、「地震の長期評価」とも呼ばれ、すでに政府の地震調査研究推進本部によって発表されている（図1-8）。過去の地震について調べる方法にはいくつかある。大きく分けて、古文書など歴史史料の記録を調べる方法、活断層を調べる方法、津波によって運ばれた堆積物を調べる方法、海岸の隆起・沈降を調べる方法である。

歴史史料や考古遺跡から

日本には文字による歴史史料が比較的多く残されている（図1-9）。『日本書紀』などの有名なものから地方の寺院などに保管されている日記のようなものまで多くの種類があり、その記述の中から地震に関することを拾い出す。古来より地震は人々の関心事であったためか多くの記述が残っており、過去の地震を再現することができる。過去の地震を調べる上での歴史史料の利点は、地震の発生した年、日付や時刻までがわかることである。江戸時代以前は暦や時刻の扱いが現代とは異なっているが、それらを現代の暦や時刻に変換する。またゆれの強さについては、建物の被害などから推測し、現代の震度に対応させていく。そのような地道な努力によって、近代的な観測がなかった歴史時代における地震の発生場所や規模が推定されている。

そのような歴史史料の豊富な日本でも、史料の十分残っていない時代がある。たとえば一〇〇年以上も争いの続いた戦国時代には、地震に関する史料が少ない。このような歴史史料の空白を埋めるものとして注目されているのが、遺跡の発掘で発見される液状化のあとである。建築工事などに伴って

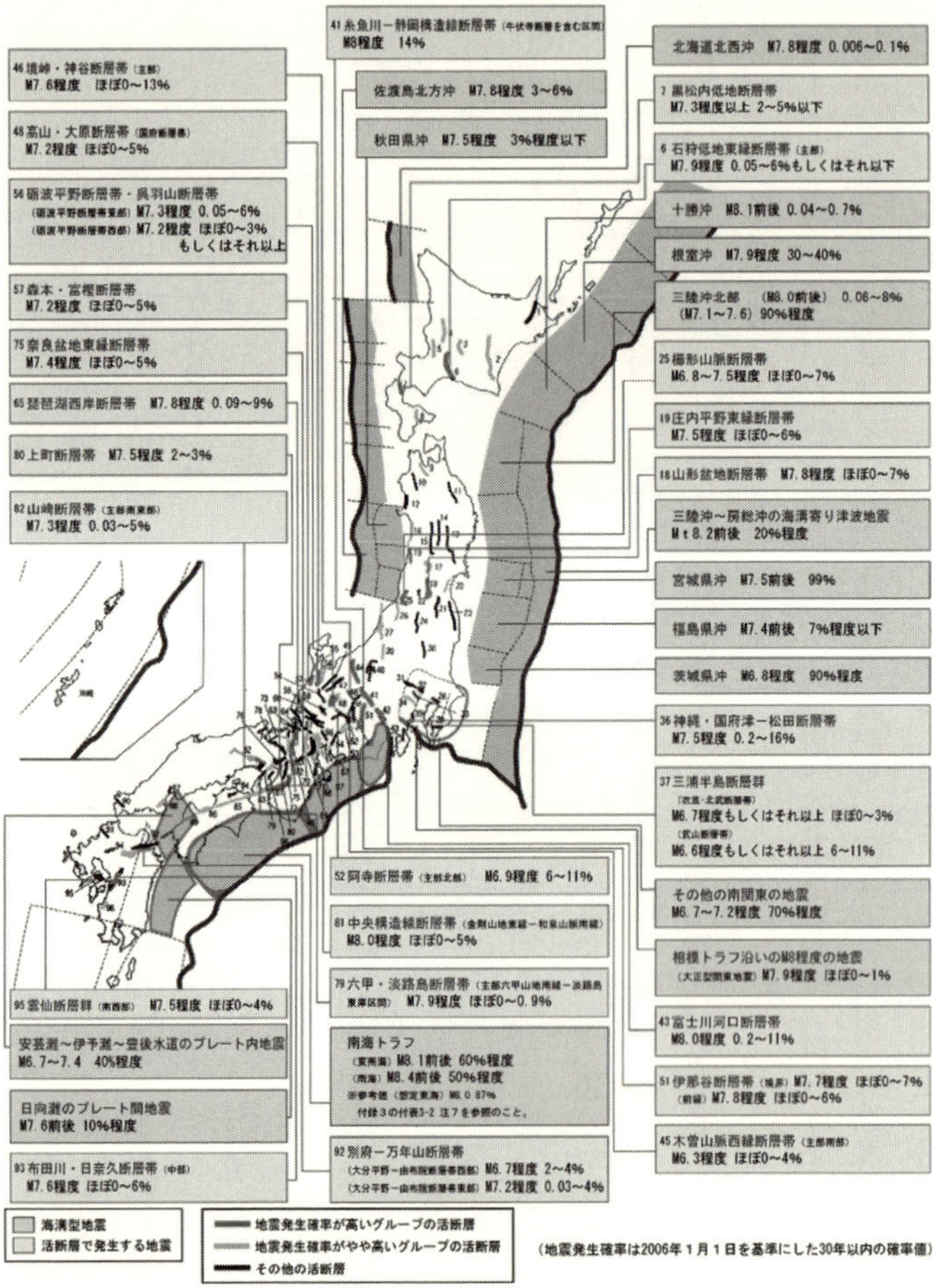

41 糸魚川－静岡構造線断層帯
M8程度 14%
佐渡島北方沖 M7.8程度 3～6%
秋田県沖 M7.5程度 3%程度以下
北海道北西沖 M7.8程度 0.006～0.1%
7 黒松内低地断層帯
M7.3程度以上 2～5%以下
6 石狩低地東縁断層帯（主部）
M7.9程度 0.05～6%もしくはそれ以下
十勝沖 M8.1前後 0.04～0.7%
根室沖 M7.9程度 30～40%
三陸沖北部 （M8.0前後） 0.06～8%
（M7.1～7.6） 90%程度
25 横手山脈断層帯
M6.8～7.5程度 ほぼ0～7%
19 庄内平野東縁断層帯
M7.5程度 ほぼ0～6%
18 山形盆地断層帯 M7.8程度 ほぼ0～7%
三陸沖～房総沖の海溝寄り津波地震
Mt8.2前後 20%程度
宮城県沖 M7.5前後 99%
福島県沖 M7.4前後 7%程度以下
茨城県沖 M6.8程度 90%程度
36 神縄・国府津－松田断層帯
M7.5程度 0.2～16%
37 三浦半島断層群
（衣笠・北武断層帯）
M6.7程度もしくはそれ以上 ほぼ0～3%
（武山断層帯）
M6.6程度もしくはそれ以上 6～11%
その他の南関東の地震
M6.7～7.2程度 70%程度
相模トラフ沿いのM8程度の地震
（大正型関東地震） M7.9程度 ほぼ0～1%
43 富士川河口断層帯
M8.0程度 0.2～11%
51 伊那谷断層帯（境界） M7.7程度 ほぼ0～7%
（前縁） M7.8程度 ほぼ0～6%
45 木曽山脈西縁断層帯（主部南部）
M6.3程度 ほぼ0～4%
46 境峠・神谷断層帯（主部）
M7.6程度 ほぼ0～13%
48 高山・大原断層帯（国府断層帯）
M7.2程度 ほぼ0～5%
56 砺波平野断層帯・呉羽山断層帯
（砺波平野断層帯東部） M7.3程度 0.05～6%
（砺波平野断層帯西部） M7.2程度 ほぼ0～3%
もしくはそれ以上
57 森本・富樫断層帯
M7.2程度 ほぼ0～5%
75 奈良盆地東縁断層帯
M7.4程度 ほぼ0～5%
65 琵琶湖西岸断層帯 M7.8程度 0.09～9%
80 上町断層帯 M7.5程度 2～3%
82 山崎断層帯（主部南東部）
M7.3程度 0.03～5%
52 阿寺断層帯（主部北部） M6.9程度 6～11%
81 中央構造線断層帯（金剛山地東縁－和泉山脈南縁）
M8.0程度 ほぼ0～5%
79 六甲・淡路島断層帯（主部六甲山地南縁－淡路島東岸区間） M7.9程度 ほぼ0～0.9%
南海トラフ
（東南海） M8.1前後 60%程度
（南海） M8.4前後 50%程度
※参考値（想定東海） M8.0 87%
付録3の付表3-2 注7を参照のこと。
92 別府－万年山断層帯
（大分平野－由布院断層帯西部） M6.7程度 2～4%
（大分平野－由布院断層帯東部） M7.2程度 0.03～4%
95 雲仙断層群（南西部） M7.5程度 ほぼ0～4%
安芸灘～伊予灘～豊後水道のプレート内地震
M6.7～7.4 40%程度
日向灘のプレート間地震
M7.6前後 10%程度
93 布田川・日奈久断層帯（中部）
M7.6程度 ほぼ0～6%
海溝型地震
活断層で発生する地震
地震発生確率が高いグループの活断層
地震発生確率がやや高いグループの活断層
その他の活断層
（地震発生確率は2006年1月1日を基準にした30年以内の確率値）

図 1-8　2005 年 1 月 1 日を基準として今後 30 年以内に大地震が起こる可能性のある場所と地震発生確率（地震調査研究推進本部ホームページ）

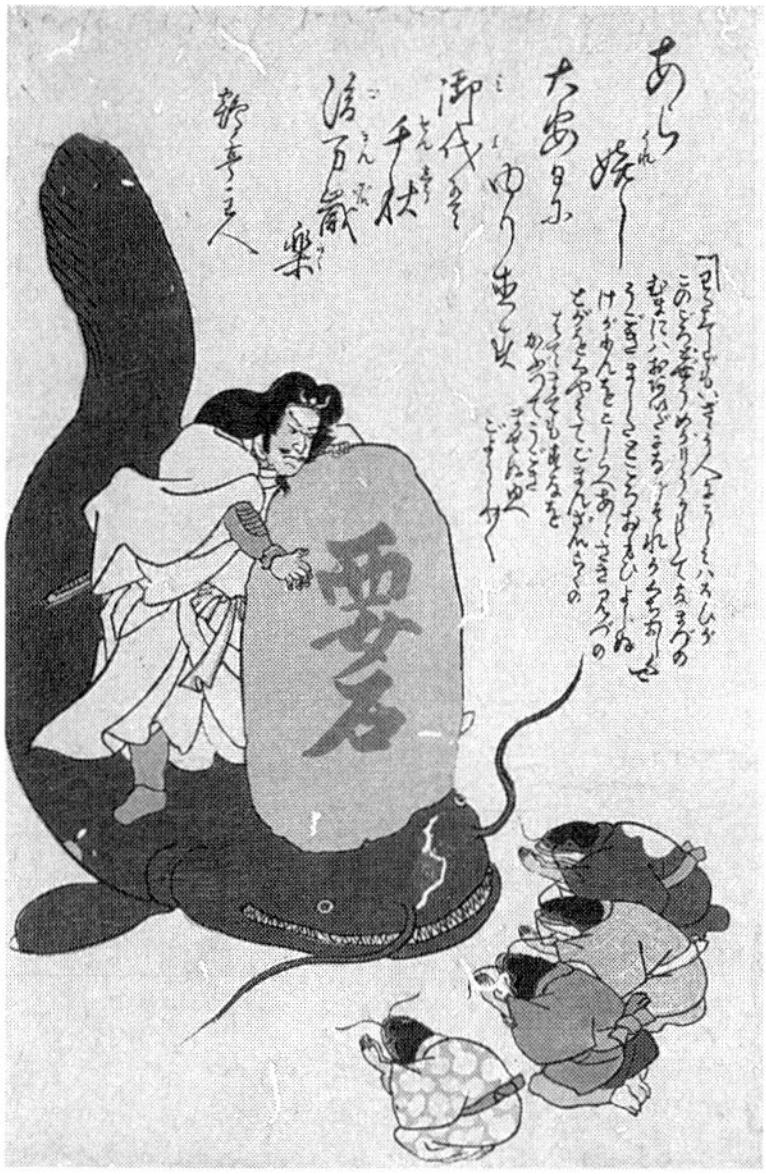

図1-9　安政の江戸地震（1855年）の後に作られた瓦版（東京大学地震研究所図書室所蔵）
地震を起こすと信じられていた鯰を鹿島大明神が要石《かなめいし》で押え込んでいる.

遺跡調査が行われるが、そのときに地盤の割れ目から砂が吹き出したあとが発見されることがある（写真1-2）。これは地震によって強くゆすられたときに地盤の液状化が起こり、地下から砂混じりの地下水が吹き出したものである。古文書ほど時間の精度は良くないが、地層の重なり具合などから遺跡の年代との関係が特定できれば、大まかな地震発生の年代を特定することができる。

地形・断層や津波堆積物から

それよりもっと昔、人間の歴史が始まる前までさかのぼって地震を調べるためには、直接活断層を調べる方法がある。地震は地下の岩盤がある面に沿ってすべって食い違いを生じることによって発生するが、ある程度地震の規模が大きくなると地表に食い違いを生じる。地震が同じ場所で繰り返し発生することにより、その食い違いはどんどん大きくなり、地形の段差や谷や尾根のずれとして残る(図1-10)。このような場所が活断層である。活断層では地震による食い違いが繰り返し起きるため、活断層に沿って地面を掘ると食い違いの履歴が残っていることが多い(写真1-3)。断層に沿って両側に食い違いが発生すると、高さの違いによってその後の土砂の堆積速度の違いができる。相対的に沈降した側の堆積速度が速いため、地層が厚くつもるようになる。このような地層の堆積具合を調べると、過去にどのように活断層のずれが発生したかがわかる。またその地層に木片などが挟まっていた場合には、その木片の埋もれた年代を炭素同位体を用いた測定によって調べると、地震が発生したおおよその時期もわかる。また活断層の長さからは発生する地震の規模の推定もできる。

海溝型地震の場合は活断層から履歴を求めることは非常に難しいが、津波堆積物を使うことで、繰り返し間隔や規模を推定することができる。スマトラ沖の巨大地震の例を出すまでもなく、海溝型地震の多くは津波を伴う。津波は泥や木片などを大量に運んでくるため、それが沿岸に堆積する。そのような場所を掘って地層を調べると、過去に繰り返し津波によって運ばれてきた堆積物の層を特定することができる。その堆積物や前後の地層の年代を調べることで、その場所に津波をもたらした地震の発生時期を知ることができる。さらに、同じ時期の津波堆積物がどのくらい広い範囲で見られるかということから、津波の規模、すなわちその原因である地震の規模も推定することができるのである。

二〇〇四年に発生したスマトラ沖の巨大地震で広く知られるようになったのが、珊瑚礁を利用した

写真 1-2　富山県開〓《かいほつ》大滝遺跡の1858年飛越地震の痕跡
液状化の跡が，中世の井戸跡を引き裂いている．(産業技術総合研究所寒川旭氏撮影，富山県文化振興財団の調査による)

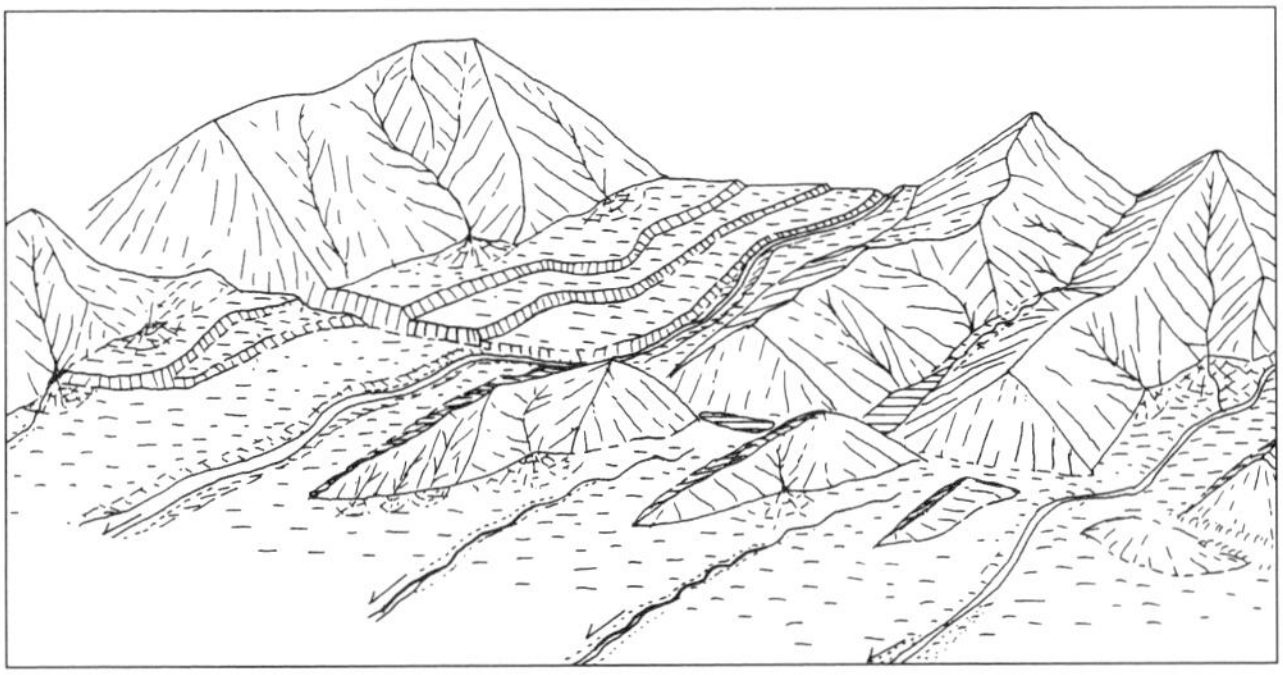

図 1-10　活断層による変位地形の例 (活断層研究会，1991)
断層を境に谷や尾根が食い違っている．

写真 1-3　活断層のトレンチ発掘（立命館大学岡田篤正氏撮影，1997 年）
兵庫県南部地震の地震断層，野島断層のトレンチ．F1 が地震断層．現在は淡路島の野島断層保存館内で保存された断面を見ることができる．

写真 1-4　2004 年のスマトラ沖巨大地震の際に隆起したアンダマン諸島の珊瑚礁
珊瑚は海中でしか育たないので，平らな頂部は地震前の海面の高さを示す．地震で隆起したために，海面上に珊瑚礁が現れている．（2005 年東京大学茅根創氏撮影）

過去の地震の研究である（写真1-4）。熱帯などの暖かい地方の海岸付近には珊瑚が発達している。珊瑚礁が海中にあるときには、珊瑚礁は上にも横にも成長する。しかし地震などによって地盤が隆起して珊瑚礁が海面上に顔を出すと、海面より上の部分での珊瑚礁の成長はストップする。地震後に、徐々に地盤が沈降していくと珊瑚礁も海中に没していき、海中の部分の成長が始まる。このようにして成長や停止を繰り返した珊瑚礁を切断し、その断面を観察することによってその場所の隆起沈降の様子を調べる。珊瑚礁の成長は季節によって変化するため、隆起や沈降の様子が年単位という高精度でわかるという大変優れた資料である。

以上のような方法によって、過去の地震を調べた研究成果が長期予知に生かされている。

場所と規模を予知する

場所と規模が予知できるのは当たり前？

長期予知においては、時期はさておき、場所と規模の予測精度に関して大きな問題になったことはない。場所と規模については、先にも述べたように、おおむねわかったものとして取り扱われている。宮城県沖地震や東南海・南海地震などの例を挙げるまでもなく、地震は同じ場所で同じ規模で繰り返し起きるとして扱われていて、あまり疑われない。

実は、場所と規模をある程度の精度で予測できることは、必ずしも当たり前のことではない。地震

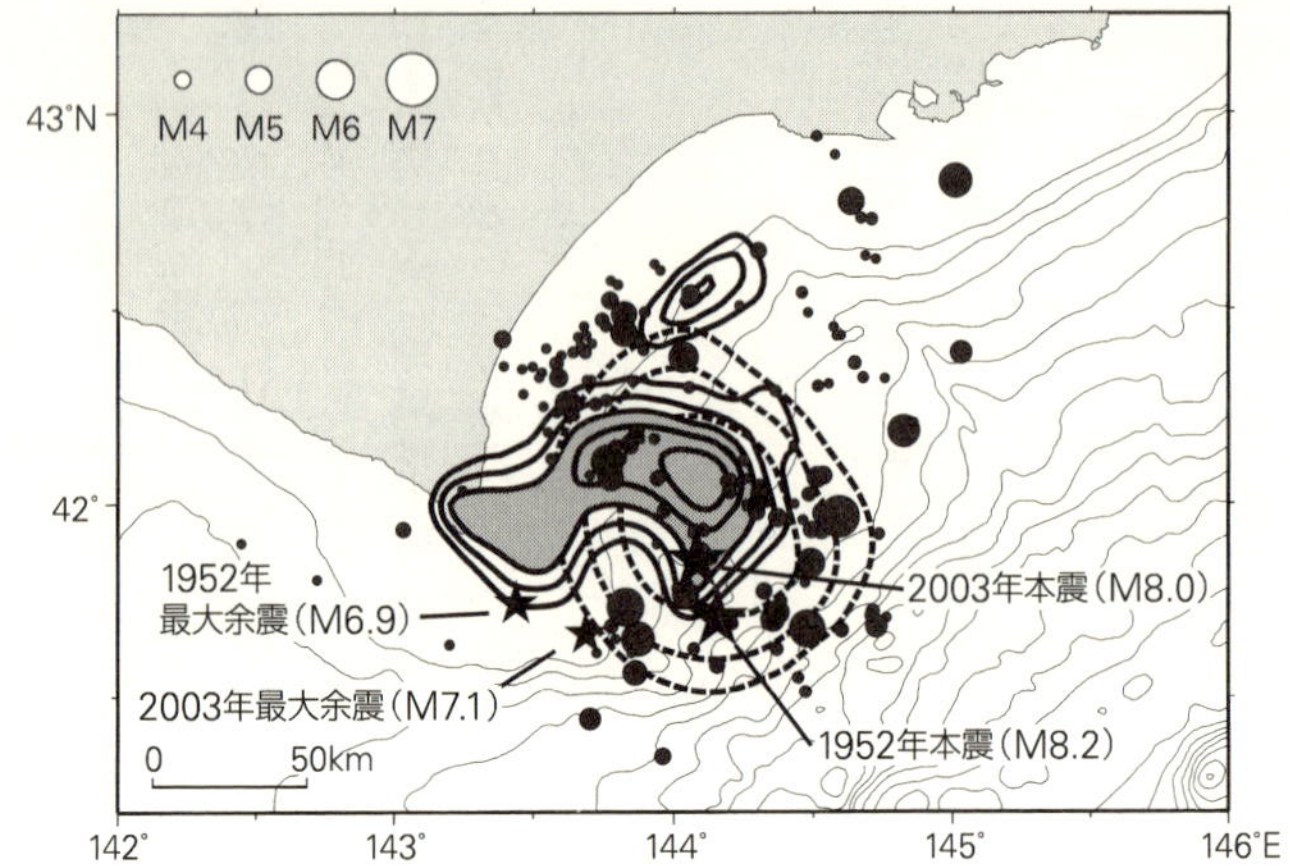

図 1-11　1952 年と 2003 年の十勝沖地震のすべり量分布（地震・火山噴火予知研究協議会地震分科会，2006）

2 つの地震で，すべりの大きい場所はほぼ一致している．2003 年の地震は，1952 年の地震の再来とみなすことができる．

研究の長い積み重ねにより、大きな地震の場所と規模の予測がかなりできるようになってきたのである。それと同時に、最近ではその限界や問題点も明らかになってきている。

繰り返す十勝沖地震

二〇〇三年の九月二六日に発生した十勝沖地震（M八・〇）は、一九五二年に発生した十勝沖地震（M八・二）の再来と見なされている地震である（図1-11）。十勝沖地震は北海道の下に沈み込む太平洋プレートと陸側のプレートの境界が一気にすべることによって発生したプレート境界型の地震で、長期評価では約七〇年の平均発生間隔でM八・一前後の地震が繰り返すとされていた。この地域の長期評価は二〇〇三年三月に公表された時点での三〇年間発生確率が六〇%となっていて、長期評価の成功した例と見なされている。しかし、平均的な繰り返し間隔から見るとかなり早めに発生したと考えられ、そのため防災の専門家からさえも「予測が当たったと言えるのか?」という疑問の声も発せられた。

しかし、ここで重要性を強調しておきたいのは、ほぼ想定していた場所で、想定した規模の地震が発生したことである。場所と規模をある程度の精度で予測できることが、現代地震学の手法で実証された最初の事例と言える。このような地震の起き方をする地震は、固有地震(3章コラム⑦参照)と呼ばれ、つい最近までは、地震予知の実用性を疑う研究者に存在を疑問視されていた。最近の地震学の進歩によって、地震時に断層面のどこがどの程度すべったか、すべらなかったかという「すべり分布」がよくわかるようになってきた。その結果、二〇〇三年の地震における主なすべりの領域が、一九五二年にもすべっていたことがわかってきた。厳密にいえば、一九五二年の地震では、より東側まですべりが広がっていた可能性があるものの、二〇〇三年の震源域や余震分布をもとに検討が行われた結果、少なくともこの震源域については、しばらくは大地震を想定する必要がなくなった。その一方で、過去の例から見ると、千島海溝に沿って地震が連動する可能性が高く、今後の地殻変動や地震活動を慎重に監視する必要が出てきている。

南海トラフ沿いの巨大地震

過去に発生した地震の履歴が歴史史料に基づいて長期間にわたって知られている例として、静岡県の駿河湾から四国沖にかけての南海トラフ沿いの巨大地震がある。(図1-12)。南海トラフ沿いでは

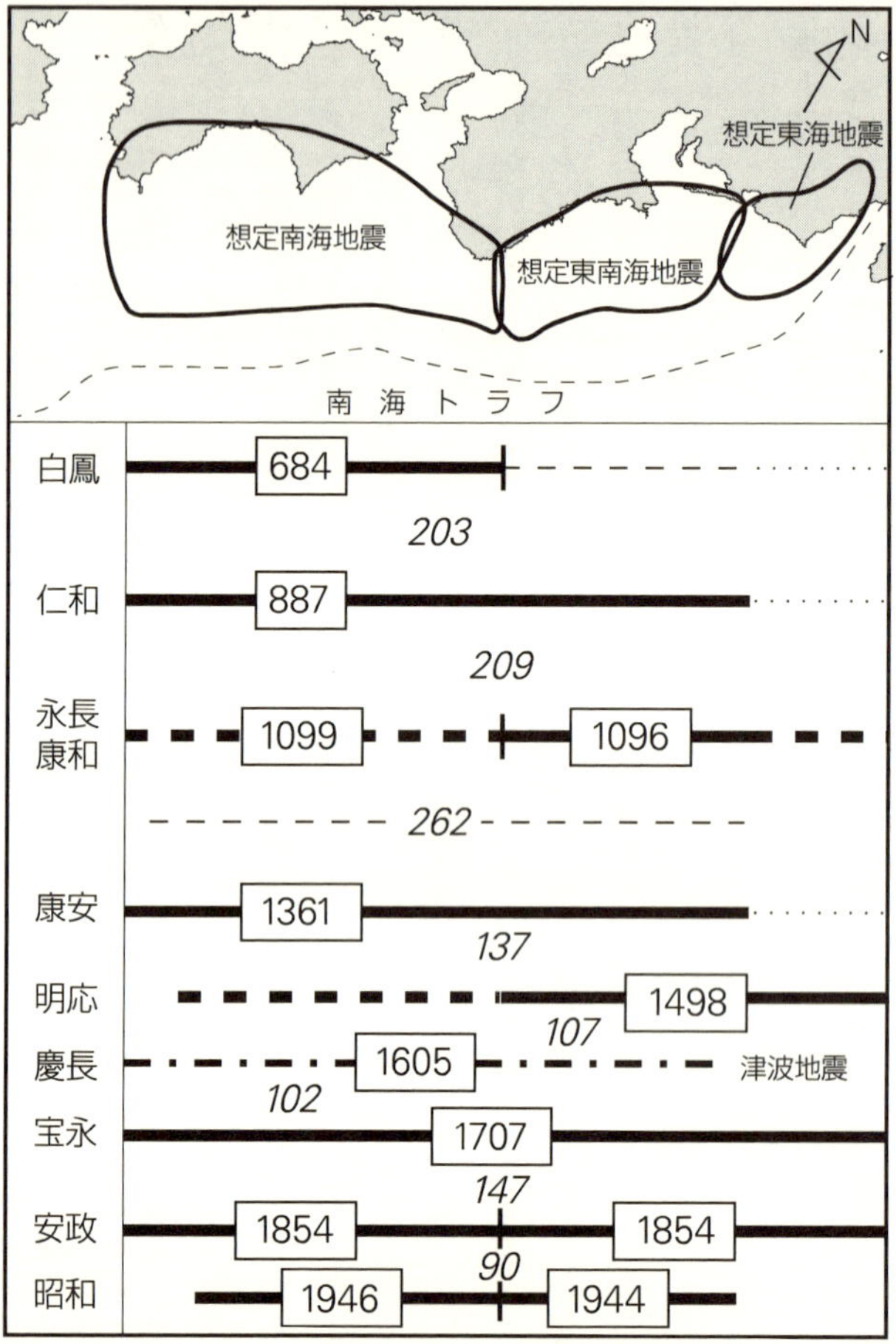

図 1-12　南海トラフ沿いで発生するプレート境界巨大地震震源域の時空間分布（石橋，2002 に基づく）

上）想定震源域の広がり．下）四角で囲んだ数字は地震の発生年，斜体の数字は上下の地震の発生間隔を示す．震源域の広がりの確からしさを，実線：確実なもの，太い破線：ほぼ確かなもの，細い破線：可能性があるもの，で示す．点線はデータがないため不明．点破線は津波地震．

駿河湾から遠州灘にかけて発生する東海地震、伊勢湾沖から熊野灘にかけての東南海地震、そして紀伊水道沖から四国沖にかけての南海地震に対応した震源域があり、それぞれの場所で繰り返し地震が発生している。

それらの地震はほぼ同時期に起こるのが特徴で、一九四四年の昭和の東南海地震では、それに引き続き一九四六年に南海地震が発生している。一八五四年の一二月には東海・東南海の震源域での同時発生（安政の東海地震）に引き続き、その三〇時間後という短い間隔で南海地震が起きている。さらに一七〇七年には三つの震源域が連鎖して次々に地震が起こり、日本史上最大級の宝永地震となった。これらの地震はおよそ九〇年から一五〇年という間隔で発生しており、昭和の地震からすでに六〇年経過しているため、そろそろ次の地震が近づいていると見なすことができる。政府の地震調査研究推進本部でも、今後三〇年間の発生確率を五〇〜六〇％程度としている。

これらの地震については、地震ごとにその規模がまちまちで、規模の予測ができていないではないかという批判があるかもしれない。しかし東海・東南海・南海の三つの震源域は繰り返しすべっていて、その組み合わせが地震ごとに異なっていると見なすべきであろう。現在の地震学では、地震発生をまさにそのように捉えている（3章）。ただし、歴史史料に基づいているという限界から、それぞれの震源域のすべり分布まで毎回同じかどうかは議論の分かれるところである。

時期の予測精度を高めるには

このように大地震は、連動などによる不確定性はあるものの、ある決まった場所（震源域）と規模を持っていると考えられている。そのような地震の性質は、アスペリティモデル（3章）によって説明されている。大地震が発生する場所や規模が一定ならば、地震発生の間隔もほぼ一定となる。それは、地震の震源域への歪の蓄積は、一定速度で動くプレートが原因と考えられており、そのため歪が蓄積していく速度もほぼ一定と考えられるからである。

過去の地震発生履歴をもとにした地震の長期評価（長期予知）は、上記のような根拠をもっている。したがって、種々の調査により地震の発生間隔と直近の地震の発生時期を知ることができれば、次の地震の発生時期を予測することができるのである。

しかし、この方法の欠点は、次の地震が起きるまで、予測が当たるかどうかがわからないことである。そこで観測データをもとにした予測が必要になる。現在日本では高密度地震観測網、高密度GPS観測網をはじめ、各種の観測が行われている。これらの観測データを用いて3章で述べる中期予知へとつなげ、地震発生の予測誤差を小さくしていくことが、現在の地震予知研究の方向である。

コラム③●なーんだ、三〇年こないなら大丈夫！家建てちゃえ

機械工学が専門の友人が、地球科学が専門の私に「すみません、三〇〇右に動いてもらってよいですか？」と言ったことがある。もちろんこの友人は、彼の常識である「ミリメートル」単位で話をしているのだが、私は「単位はマイクロメートルかい？キロメートルかい？」と答えた。これは笑い話ですむが、世の中、知識の背景がさまざまだと誤差の許容についてなかなかコンセンサスをとるのが難しいという話をいくつか…。

一〇〇万年前後とか、おおよそ数十キロメートルなどという言葉が飛び交う地球科学を取り扱ったことのある人は、自然現象の時間間隔や規模のゆらぎ、曖昧さというものをなんとなく理解しているので、「危ない」と言ったときにどの程度用心すべきかのある共通の概念がある。その上で、「地震災害は怖い」ものだから危険であることを啓発すれば、一般社会は「適切に」用心してくれるだろうと考える。ところがこれはまったくの独善的な思い込みであって、地震災害に対する対処の仕方は十人十色である。

たとえば「三〇年以内に震度六弱以上のゆれに襲われる確率は七％」という調査報告があったとする。周辺地域と比較すると確率が高いので十分な耐震構造の家を建てようと考える人から、自分の寿命を考えると地震災害にあわない可能性のほうが高いので、二〇年もてばよいからできるだけ安く家を建てようと考える人がいる。三〇年といっても必ず地震が起きるわけでもないし、逆に明日起きるかもしれない。またゆれも震度五強になるか震度七になるかはわからない。三〇年というと建物も老朽化するので取り壊してしまうかもしれない。三〇年とは言わなくても、もし五年だけ必要でその後取り壊すと最初からわかっている建

物であれば、耐震にどれだけ経費をかけるかは判断の分かれるところであろう。われわれはどちらの考えも一概に間違いだとは言えないのである。

津波の被害も同じである。一度でも津波で被害にあっているならば、海岸付近からの集団移転などの抜本的な対策を採ったほうがよいと考える人はいる。しかし、自分の世代で再び被災しないと予想される場合、そして実際に被災しなかった世代に、（地球科学者にとっては目前の）危機を訴えるのはかなり難しい。実際、繰り返し津波災害を経験した地域で高い防潮堤を建てたり、高台に集団移住したりしても、何年かすると防潮堤の外に家を建てたり、坂を登るのが嫌で低地に新興住宅地ができてしまうことがある。都市部で、以前は低湿地で地盤が悪いと誰も住まなかったような場所に、広大な住宅地ができるのを見聞きした方もいらっしゃるだろう。海溝型の地震やそれに伴う津波は数十～二〇〇年も待てば繰り返し発生するのでまだ頻度は高いが、次の地震は一〇〇〇年後かもしれないと言われたら、莫大な経費をかけて防災対策をするかは、これまた判断の分かれるところではないだろうか。

しかし、ひとたび住宅地が展開してしまうと、大地震が迫ってきたときに「さあ、ここは取り壊して安全な場所に移りましょう」といっても不可能である。やはり、地震の被害を受けやすいところには住宅地を作らない都市計画が重要であろう。

2―これまで何が行われてきたか

地震予知に関しては非常に不正確な知識が一般に広まっているのに対し、日本の地震予知研究において、地震予知につながる重要な知見がこの一〇年に立て続けに明らかになってきた。その新しい知見に関しては3章から詳しく解説するが、この一〇年の進歩の背景には、それにさかのぼる一〇〇年以上の日本の地震予知研究の歴史がある。それについてこの章で簡単におさらいをしておこうと思う。

1——日本の地震予知研究の歴史

日本の地震予知研究のはじまり

日本における地震予知研究は、一八九一年の濃尾地震（M八・〇、写真2-1）の直後に明治政府が設立した「震災予防調査会」にまでさかのぼることができる。震災予防調査会は、地震による災害軽減のため、地震予知の可能性を調べるための地震の研究と、建物の耐震性の研究という二つの柱によって進められた。震災予防調査会の活動は一九二三年の関東地震（写真2-2）後に設立された「東京大学地震研究所」（写真2-3）の研究活動に引き継がれた。

その後、第二次世界大戦中や終戦直後に東南海地震、南海地震、三河地震、鳥取地震、福井地震などの多くの被害地震が発生したが、日本の経済はそれらに十分対応できるほどの復興を果たしていなかった。戦後の地震予知研究がやっと息を吹き返すのは一九六〇年代になってからである。この章では戦後の日本の地震予知研究を簡単に振り返ってみたい。

写真 2-1　1891 年濃尾地震の被害の一例（国立科学博物館ホームページ）
枇杷島鉄道アーチの倒壊.

写真 2-2　1923 年関東地震の被害の一例（国立科学博物館ホームページ）
丸の内の内外ビルヂングの倒壊.

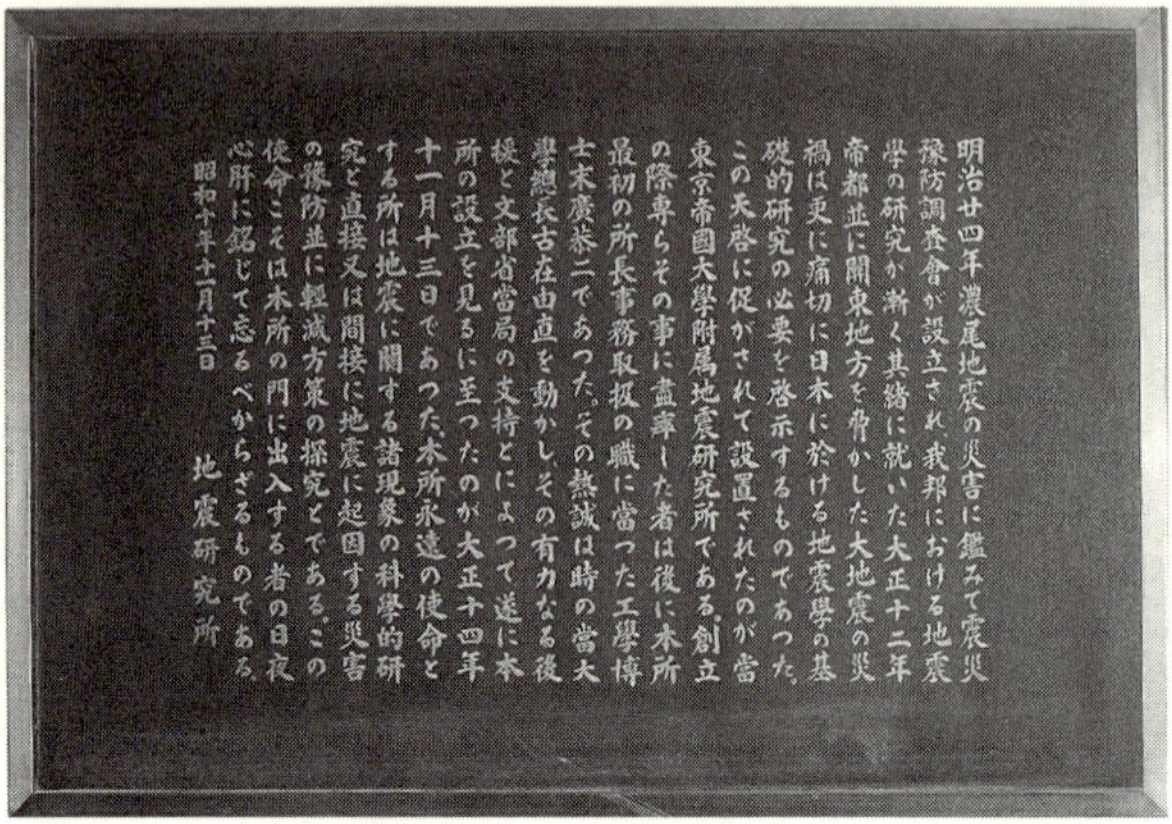

写真 2-3　東京大学地震研究所の正面玄関に掲げられている銅板の碑文
寺田寅彦によって撰せられた.

地震予知のブループリントと地震予知計画

現在行われている地震予知研究の直接の始まりは、一九六二年に地震研究者有志によって発表された「地震予知—現状とその推進計画」にさかのぼる（写真2-4）。これは通称「地震予知のブループリント」と呼ばれ、地震予知の実現可能性を明らかにするためにはどの程度の観測研究が必要であるかを、当時の科学技術の水準で実現可能な計画として提案したものである。

ブループリントでは、まず地震観測網や地殻変動観測網を全国に展開すべきであると述べている。これはマグニチュード二や一程度まで含めた非常に小さな地震がどこでどのように起きているかを知ることによって、大地震発生のしくみがわかるだろうという考えと、地震に向けて地盤がどのように変形していくかを知ることが大事であるという考えによる。このような基本的な観測以外にも、当時地震発生前に現れると考えられていた地震波速度変化や電磁気現象に関する観測も提案されている。

このブループリントを受けて、日本の地震予知計画が一九六五年から始まった。最初は「地震予知研究計画」であったが、第二次計画からは「研究」の二文字がはずれて「地震予知計画」となっている。この計画は五年ごとに見直され、結局第七次計画まで引き継がれて一九九八年に終了した。これを本書では便宜上、「旧」地震予知計画と呼ぶことにしよう。

旧地震予知計画は、一九九五年に発生した兵庫県南部地震による阪神・淡路大震災をきっかけに、研究者有志によって見直されることとなった。見直された計画は、「新地震予知研究計画—二一世紀に向けたサイエンスプラン」として一九九八年に発表され、「地震予知の新ブループリント」と呼ばれることもある。これを受けて一九九九年からは、地震予知のための研究戦略を根本的に見直した「地震予知のための新たな観測研究計画」が始まり、現在にいたっている。現在の計画を本書では便宜上、「新」地震予知計画と呼ぶことにする。

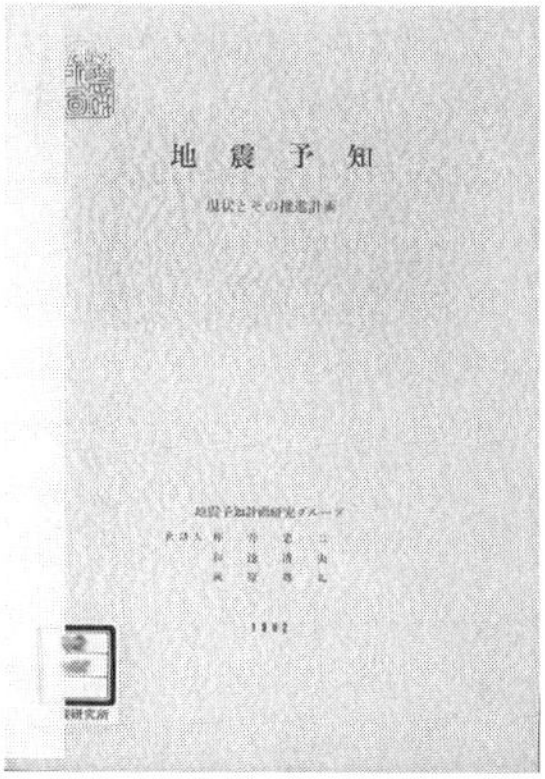

写真 2-4 「地震予知のブループリント」表紙

旧地震予知計画

旧地震予知計画では、地震に先行する現象の把握と解明による直前予知が最終的な目的となっていた。地震や

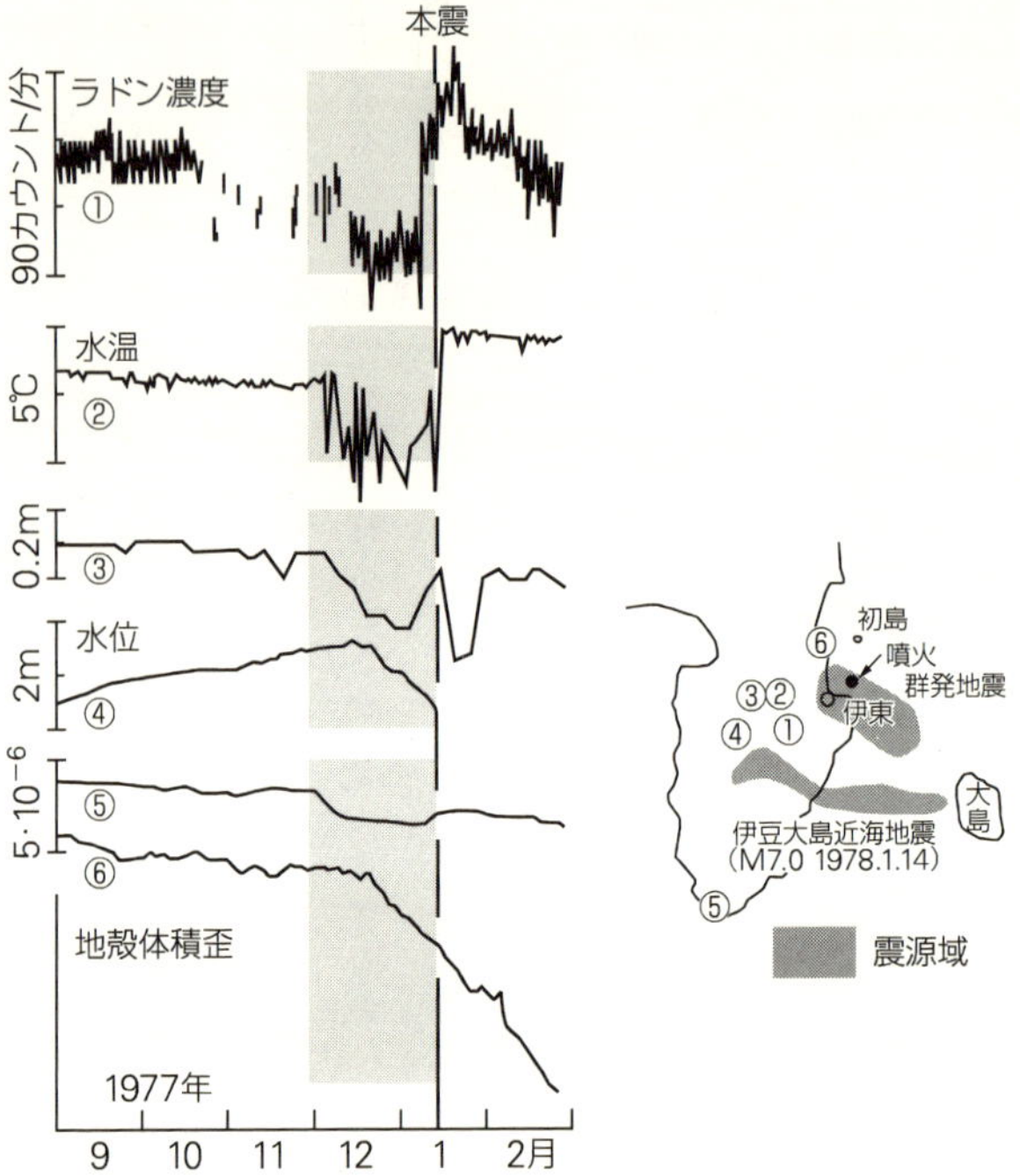

図 2-1　1978 年伊豆大島近海地震（M 7.0）の直前に観測された異常
（地震予知研究協議会，1991）　ラドン濃度，地下水温，地下水位，歪の観測値にほぼ同時に異常が現れた．

地殻変動などの観測によって地震が発生する可能性の高い場所を特定し、そのような場所に観測網を集中し、前兆現象を捉えて地震予知につなげようとするものであった。計画は地震観測網の設置や測地測量の実施から始まり、地殻変動、地下水やガスなどの連続観測を行い、前兆現象の把握を目指した研究が行われていた。そのような研究の中で、明らかに地震の前兆と思われる現象も観測されている。

旧地震予知計画で捉えられた前兆現象の中で最も有力なものは、一九七八年一月一四日に発生した伊豆大島近海地震（M七・〇）に先行するいくつかの異常である（図2-1）。一九七八年伊豆大島近海地震の断層は伊豆大島西方沖からずれはじめ、伊豆半島にまで達し、伊豆半島側に大きな被害をもたらした。地震の後に調べると、この地震の前には、伊豆大島沖だけでなく伊豆半島の各所でいくつかの前兆と思われる現象が観測されていたことがわかった。

伊豆大島沖では本震の前に群発地震が活発化した。一方、伊豆半島では、地下水位、地下水温や地下水中のラドンというガスの濃度が急激に下がり、地震とともに元のレベルに回復している。また体積歪計にも大きな変化が認められた。複数の現象が地震の前に同時に発生したため、比較的信頼がおける前兆とされ、そのしくみに関する研究が行われた。

ところが、これ以外の有力な前兆現象はなかなか見つからなかった。それは、地震予知研究の実質的な担い手であった国立大学の地震予知研究協議会が発行した地震予知研究に関するパンフレットを見ればわかる。一九九一年に発行したパンフレットにも一九七八年伊豆大島近海地震の前兆が代表的な前兆として取り上げられているのである。つまり、一九七八年から一九九一年までの一三年間に、伊豆大島近海地震の前兆に匹敵するようなめぼしい前兆現象がなかったことを表している。

そのような中、一九九五年阪神・淡路大震災（兵庫県南部地震）が発生する。

写真 2-5　1995年阪神・淡路大震災で倒壊した高速道路（京都大学澤田純男氏撮影）

新地震予知計画は何が違うのか

第七次計画途中で発生した阪神・淡路大震災の社会的インパクトは大きく（写真2-5）、研究者グループの中から旧地震予知計画の根本的な見直しが提案されるにいたった（写真2-6）。提案された新しい地震予知研究計画は、①地震の準備から地震発生にいたる全過程を理解し、地震発生にいたるモデルの構築をすること、またそれに基づいた、②地震を含めた地殻活動のモニタリングと予測シミュレーションの実現を目的としている。わかりやすく言うと、地震を発生させるプレート境界や活断層にどのように力（応力）が集中していくか、地震の発生に向けてどのようなことがプレート境界や活断層で起きているか、さらに地震が発生したときのプレート境界や断層のすべりについて一連の過程として理解し、定量的なモデルに基づいて予測をすることを目指している。このような考え方を反映させて、新地震予知計画が一九九九年から始まった。

　この計画で示された方針は、見方を変えると、地震予知という概念の転換と見なすこともできる。つまり従来の地震予知は地震の発生だけを予測することであった。そのため、前兆を捉えることが主眼となったのであるが、その予測の成否は地震が発生するまで「答え」が出なかった。それに対し、新地震予知計画では「地震も含めて地震にいたる過程そのものを予測することが地震予知である」と考えている。つまり地震が起きていないときの現象も含めて予測することを目的にしていると見なすことができる。予測する現象にはいわゆる前兆現象も含まれる。地震にいたる過程を十分理解している状態で、地震の準備段階の現象がうまく予測できていれば、その後に続く実際の地震の予測についても予測の精度が高いことが期待できるからである。

写真 2-6　1998 年に地震研究者有志によって発行された地震予知研究計画の新しい提言

　このように四〇年以上にわたる日本の地震予知研究の歴史は、先人達の苦悩と進歩の歴史であった。地震の直前予知そのものは依然としてまだ夢ではあるが、夢に向かって着実に進んでいることは確かである。地震の長期評価や緊急地震速報（4章）なども地震予知のたゆまざる研究から生み出されたものであり、直接に防災に役立つ成果も得られている。

2—過去の例、海外での例

十年一昔という言葉は科学、とくに地球科学の世界にはよく当てはまる。一〇年たってやっと受け入れられる仮説もあれば、忘れ去られる仮説もある。地震予知もその例外ではなく、時代によって学説が入れ替わり、一世を風靡した仮説が忘れ去られた後に再評価されることもある。何が新しいのかを知るためには、過去に何が行われてどのような発見があったのかを知っていなければならない。この一〇年間の進歩を語る前に過去の事例についておさらいすることは、後の章で述べられる新しい知見の意味を深く認識させてくれる糧となるだろう。この節では過去の地震予知の例や試みについて紹介しよう。

地震の前兆現象

宏観異常現象とは

地震の前には何らかの異常な前兆現象があることは、洋の東西を問わず古くから報告されている。紀元前の古代ギリシャでは、地震の前に動物の異常行動があったことが古文書に残されている。

『日本書紀』にも、「天武天皇七年十二月己卯、臘子鳥《あとり》［注］蔽天、（略）是月筑紫国大地動之」とあり、武者金吉によると、これは六七九年九州筑紫地方にマグニチュード六・五から七・五の地震が起こる前に臘子鳥が天を覆って移動したことを示す記事であるとされている。この筑紫国に起こったという大地震は架空の物語ではなく、科学的な調査によりその発生が確認されている。福岡県久留米市の複数の遺跡から液状化の跡が多数発見されたことと、山川前田遺跡での活断層のトレンチ掘削調査により、この地震を起こした断層は水縄《みのう》断層であることが判明した（図2-2）。

異常現象の報告例の多くは動物（哺乳類、鳥類、魚類、爬虫類、昆虫）の異常行動であるが、その他にも発光現象や土地の隆起・沈降、海岸線の後退、鳴動（地鳴り）、井戸や温泉の枯渇・噴出・変色などさまざまな事例が報告されており、時間的には地震の数日前から数週間前に観測されることが多い。

これらの報告は近代科学が始まる以前から行われていて、これらの異常現象は科学的な測定機器によらなくても人間の感覚でもって観測されるため、「宏観異常現象」と呼ばれている。宏観異常という言葉は実は中国語であるが、日本語としてもそのまま受け入れられ使用されている。中国では地震予知の一手段として宏観異常現象が収集されており、後述するように、海城地震などで実際に地震予知に役立てられた。

［注］臘子鳥　スズメ目アトリ科の鳥。小形でホオジロに似ている。ユーラシア大陸の北部で繁殖し、秋から冬の頃に大群をなして日本に渡る。

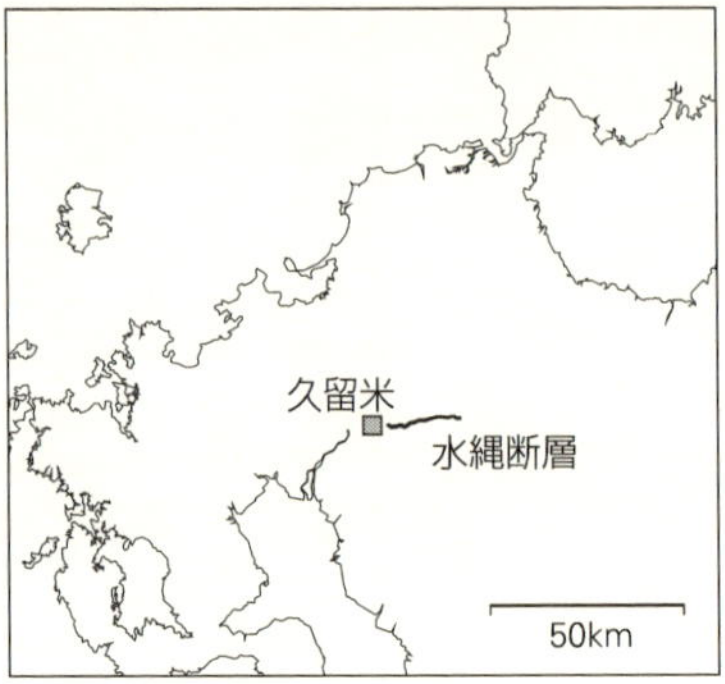

図 2-2　水縄断層の位置

近代観測で捉えられた前兆現象

地震の原因は、地下に蓄積された歪であることはすでに述べた。先に述べた宏観異常現象のいくつかは、蓄積された歪の結果として生じた現象であると科学的に解釈することができる。

二〇世紀以降、近代的な観測が始まってから、地殻変動や地下水・温泉の異常、地震活動などそれまでは宏観異常と見なされていた現象が、計測機器により定量的に観測されるようになったことの意義は大きい。異常現象の判断を主観に委ねると観測者により大きくばらつくことは容易に想像できる。ある人にとっては正常な範囲のできごとも、ある人にとっては異常なできごとかもしれない。異常の有無の判断は人が主観的に行うのではなく、計測機器を用いて客観的になされなければならない。4章で述べるように、実際に東海地方では、大地震の震源域で起こることが予想されているゆっくりとした前兆すべりの検出と評価は、定量的に、つまり誰が監視していても同じ判断を下せる態勢でなされている。

一九六四年新潟地震（M七・五）の際には、繰り返し実施されていた水準測量により「地震の一〇年ほど前から起こった異常隆起」が発見された（図2-3）。これは前兆現象の観測による地震予知の可能性を示す発見であった。その後も国内外の研究者から、地震の前に地震波速度や電気伝導度、地

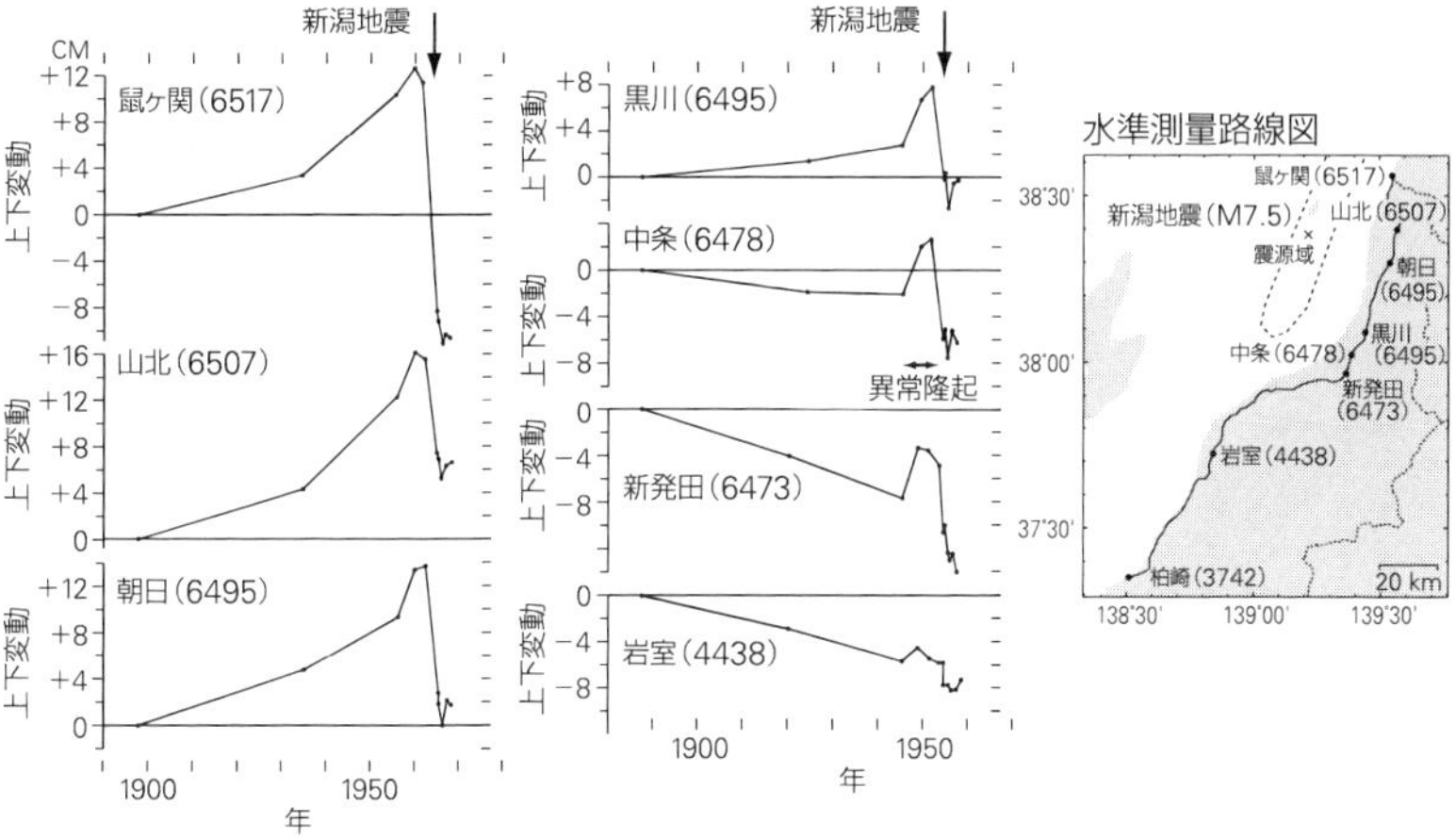

図 2-3　水準測量により明らかとなった新潟地震直前の異常隆起（壇原，1973 に加筆）

グラフは柏崎（水準点番号 3742）を基準とした各水準点での上下変動を表す．新潟地震の震源域に近い水準点（黒川，中条など）において，新潟地震の発生の10 年ほど前からそれまでの傾向とは異なる隆起が観測されていた．

電流、地下水の水位や成分の変化、地殻変動があることが報告され、これらの前兆的変化を説明する微小亀裂が大きな亀裂に成長していくモデルがアメリカのショルツらにより提唱されたことから、一気に地震予知の期待が高まっていった。

先にも述べたように、一九七八年に発生した伊豆大島近海地震（M七・〇）では活発な前震活動に加えて、地殻歪、井戸の水位、温泉のラドン濃度や温度に前兆的な変化があったことが明らかにされた。これらの複数の前兆現象が実際に観測されたことは地震予知が夢ではないことを表している。

ただし、ここで述べた前兆現象は、地震が発生した後に明らかになった現象である。もし、これらのデータがすべてリアルタイムで一元的に収集されていたならば、地震

コラム④●地震予知器を作った佐久間象山

地震の前兆現象を利用して地震を予知しようという考えは新しいものではない。江戸時代には当時の「科学」的な考えに基づいて、地震予知器が製造されている。そのきっかけとなったのは、安政の江戸地震（安政二年（一八五五）一〇月二日、M六・九）である。約七〇〇〇人の死者を出したこの地震は、関東平野直下で発生した（図）。

この地震後、安政三年に出版された『安政見聞誌』には、前兆現象として、鯰を釣った話、井戸水や湧き水の変化、磁石の異常、発光現象、海水の上昇などが記載されている。磁石の異常とは、地震の約一刻（二時間）前、浅草蔵前の眼鏡屋の軒先に吊るした、釘をたくさん吸いつかせておいた三尺余の磁石から釘がすべて落ちてしまった、という記事である。この話は、地震の前兆現象として電磁気的な現象を取り上げる際にしばしば引用される。磁石に異常が生じたとされる例は西洋でも多く、哲学者のカントもその書の中で報告しているそうである。

この頃、地震は地中の電磁気力によって起こるという説があり、フランスより伝わったものとして、安政三年に出版された大地震暦年考と震雷考説に、天然の磁石に釘を付けておき、それを金盥で受けた簡単な構造の地震予知器が紹介されている。

このことから、信州松代藩士であり幕末の洋学者、思想家として有名な佐久間象山（一八一一～一八六四）は、安政五年七月に永久磁石利用の地震予知器を製造し、「人造磁玦」と名づけ、人々に配布した。長野市松代にある象山記念館に行くと、この「人造磁玦」を見ることができる（写真）。

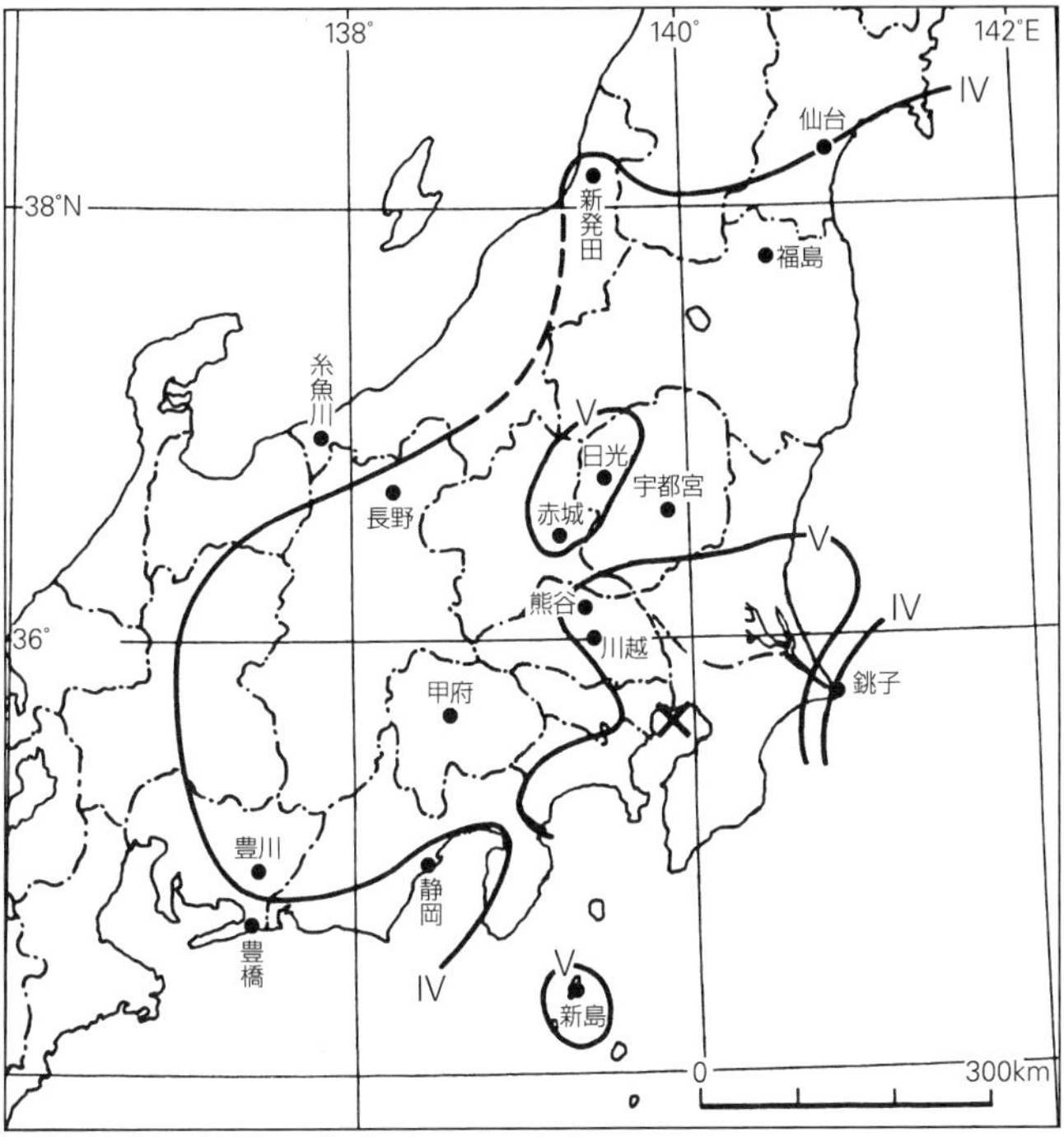

図　安政の江戸地震の震度分布図（1855年，M6.9）（宇佐美，2003を簡略化）

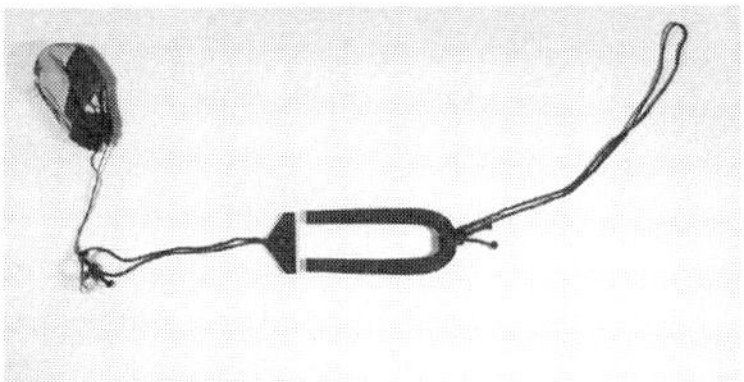

写真　佐久間象山のつくった地震予知器（長野市松代町象山記念館展示資料）

予知は可能であったろうか。可能であったと考える研究者もいれば、やはり不可能だったと考える研究者もいる。ちなみに、地震の後からその地震の前兆現象にあたる現象を見つけ出し、その地震が予知できたとすることは、語義矛盾だが、「後予知《あと》」と呼ばれている。地震発生後であっても前兆現象の有無をはっきりさせることは地震発生のモデルや観測システムの構築のためには大事な作業である。

空白域による長期予知

ある地震発生帯について、ある期間、ある大きさ以上の地震の震源域を地図上に書くと、その震源域がお互いにほとんど重ならず、大地震の発生していない地域を埋めるように大地震が次々と発生していく傾向のあることが知られている。このように大地震が起こりうる場所でありながら、まだ大地震が発生していない領域を「空白域」と呼び、空白域を震源域とする大地震が発生することがある。

このような空白域の概念はプレート境界で発生する大地震の予測に力を発揮した。有名な例としては、一九七三年の根室半島沖地震（M七・四）がある（図2-4）。これは一九七二年に宇津徳治（一九二八〜二〇〇四）が地震空白域として予測し、地震予知連絡会が特定観測地域に指定した地域で起こった地震であり、空白域の考え方の有効性を裏付けた一例である。他にも、プレート境界が形成されつつあると考えられている日本海東縁部では、一九六四年の新潟地震（M七・五）、一九八三年の日本海中部地震（M七・七）、一九九三年の北海道南西沖地震（M七・八）など、過去に大きな地震が南北方向に帯状に発生している。これらの震源域の間には明瞭な地震の空白域が存在することが指摘されていて、近い将来の地震発生を心配している研究者も少なくない。メキシコ沖合やトルコのアナトリア断層でも同様の例がある。

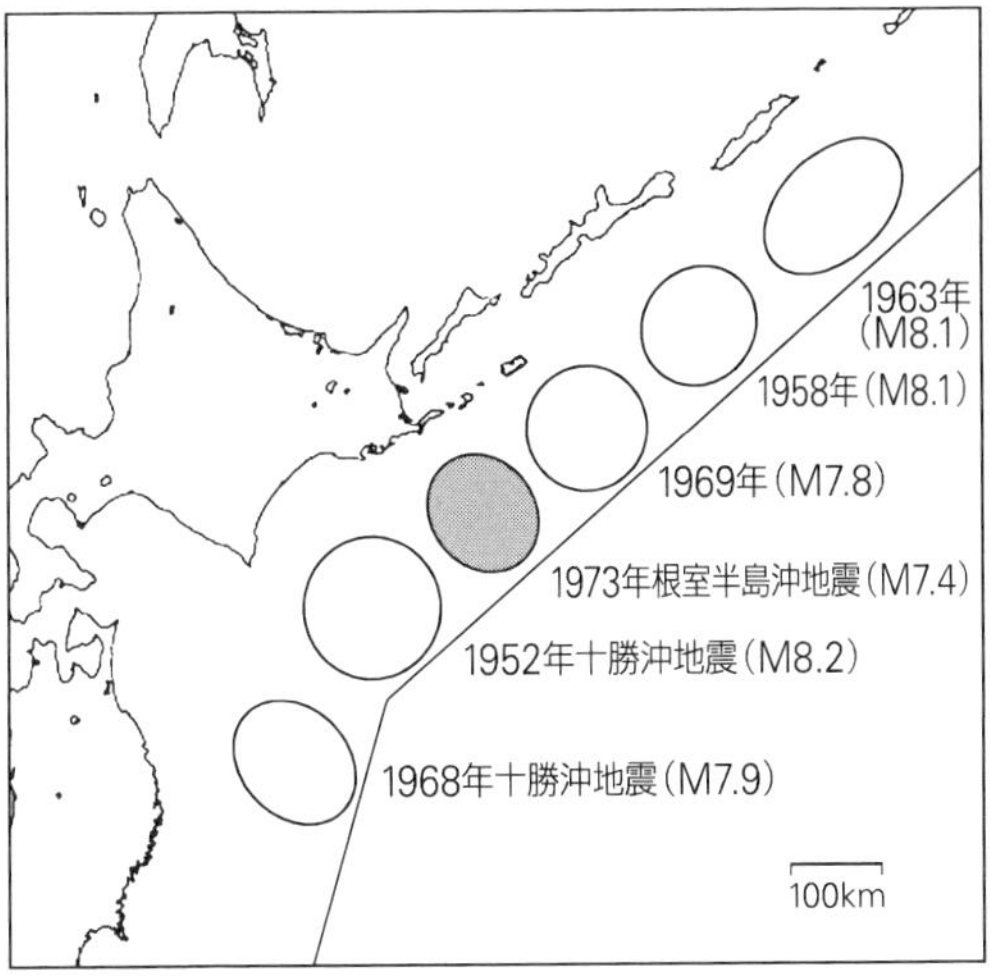

図 2-4　空白域で発生した 1973 年根室半島沖地震
千島海溝沿いでは 1950-60 年代に大地震が次々と発生し，根室沖が空白域となっていた．

直前予知の成功と失敗

日本ではまだ公的に地震の直前予知情報が出されたことはないが、海外では過去に地震の直前予知が実際になされ、予知に成功した事例と失敗した事例がある。

一九七五年海城地震（M七・三）

海城地震はふだん地震活動の低い、中国東北部遼東半島の北で一九七五年二月に発生した（図2-5）。震源域から約二〇〇km離れた観測点で一九七四年から傾斜変化が始まり、震源域を中心とする一〇〇〜二〇〇kmの範囲で一二月中旬になると動物の異常行動などの宏観異常現象が報告されはじめた。一九七五年一月には遼寧省南部全域にわたって動物の異常行動や地下水の異常が報告され、地震活動の静穏域も見られるようになった。この時点で中国国家地震局により各種の異常現象について検討が行われ、遼寧省南部に一九七五年前半にマグニチュード六級の地震が起こる可能性のあることが指摘された。二月に入ると、微小地震の発生と増加（図2-6）、動物の異常行動の増加があり、さらに地電流にパルス状の変化が現れ

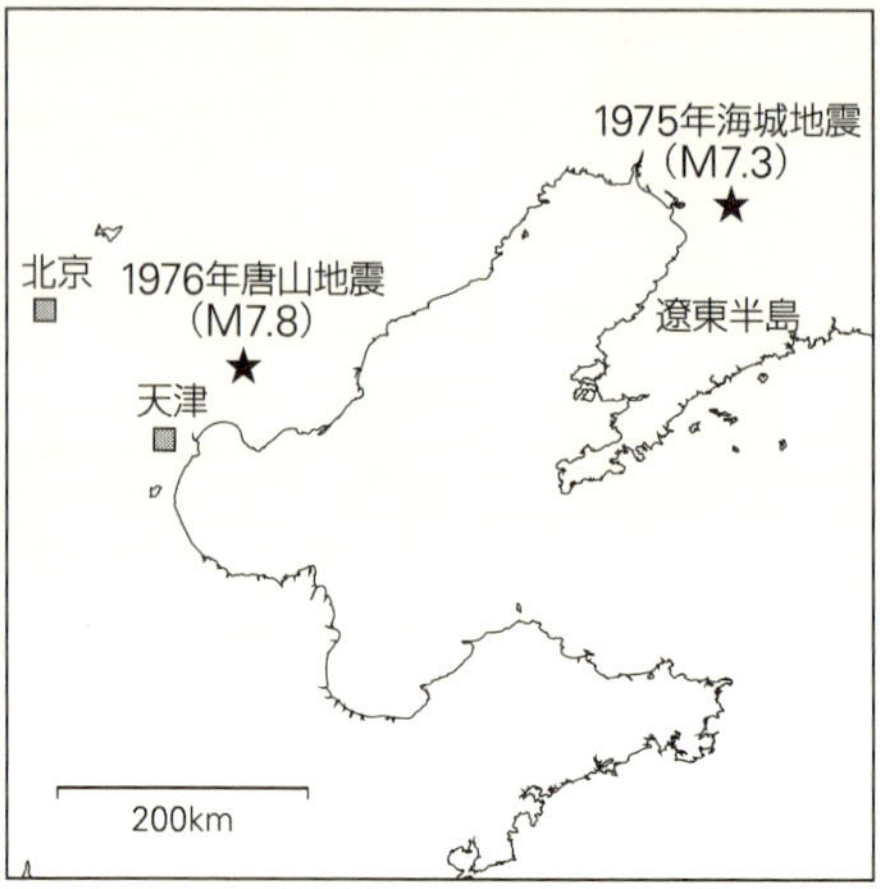

図 2-5　海城地震と唐山地震の位置

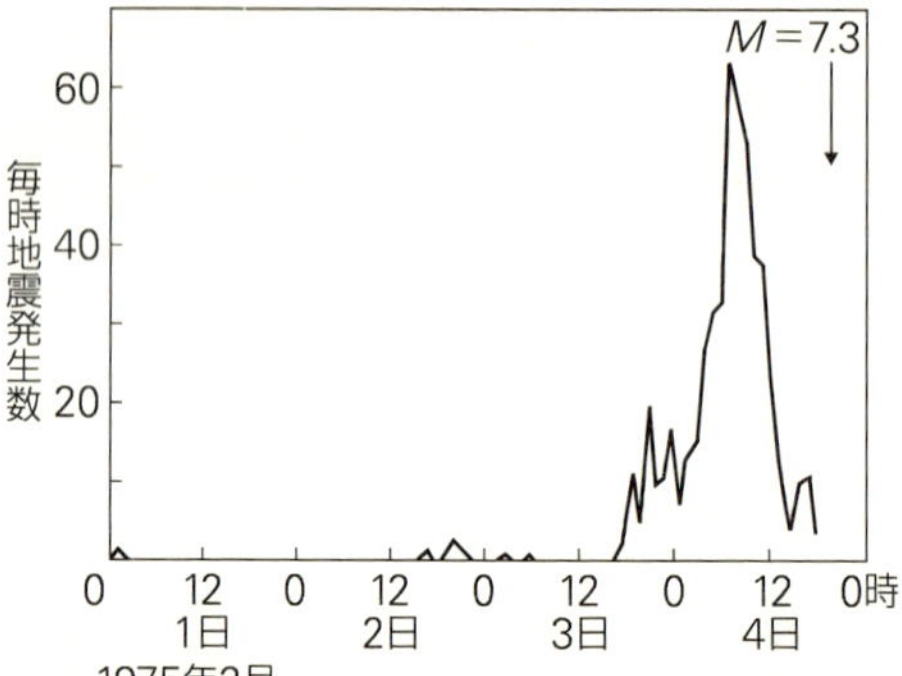

図 2-6　海城地震の前震数の1時間当たり発生数の変化（朱，1976）

た。二月四日午前中にはマグニチュード四・七、マグニチュード四・二のように有感となる地震が発生したが、午後には地震数が急激に減少している。

二月四日午前一〇時に省革命委員会は全省に臨震警報および防災指令を発令した。海城地震（M七・三）が発生したのは二月四日午後七時であるが、直前に予知情報が出されており、初めて地震予知に成功した地震として名高い。

海城地震は動物の異常行動などの宏観異常現象の発生により地震予知に成功した例として引き合いに出されるが、決して動物の異常行動のみから地震を予知したのではない。傾斜や地電流の変化など複数の計測機器による異常を示す観測結果があり、この地域で過去に例を見ない顕著な前震活動があったことが警報発令の最大の根拠であった。

一九七六年唐山地震（M七・八）

しかし、この地震の翌年七月二八日、南西に約四〇〇㎞離れた唐山市で発生した唐山地震では臨震警報を発令することなく、約二四万人の死亡者を出したと言われている。この地震の際も、井戸水や動物行動の異常、地殻変動、地電流、比抵抗などのさまざまな異常現象が観測されていた。しかし唐山地震には、前震活動といえるほどの地震活動がなく、また異常現象の現れる時期が海城地震に比べて遅く、異常出現地点の分布が広く複雑であった。これらの違いが海城地震と唐山地震の地震予知の明暗を分けたと考えられている。

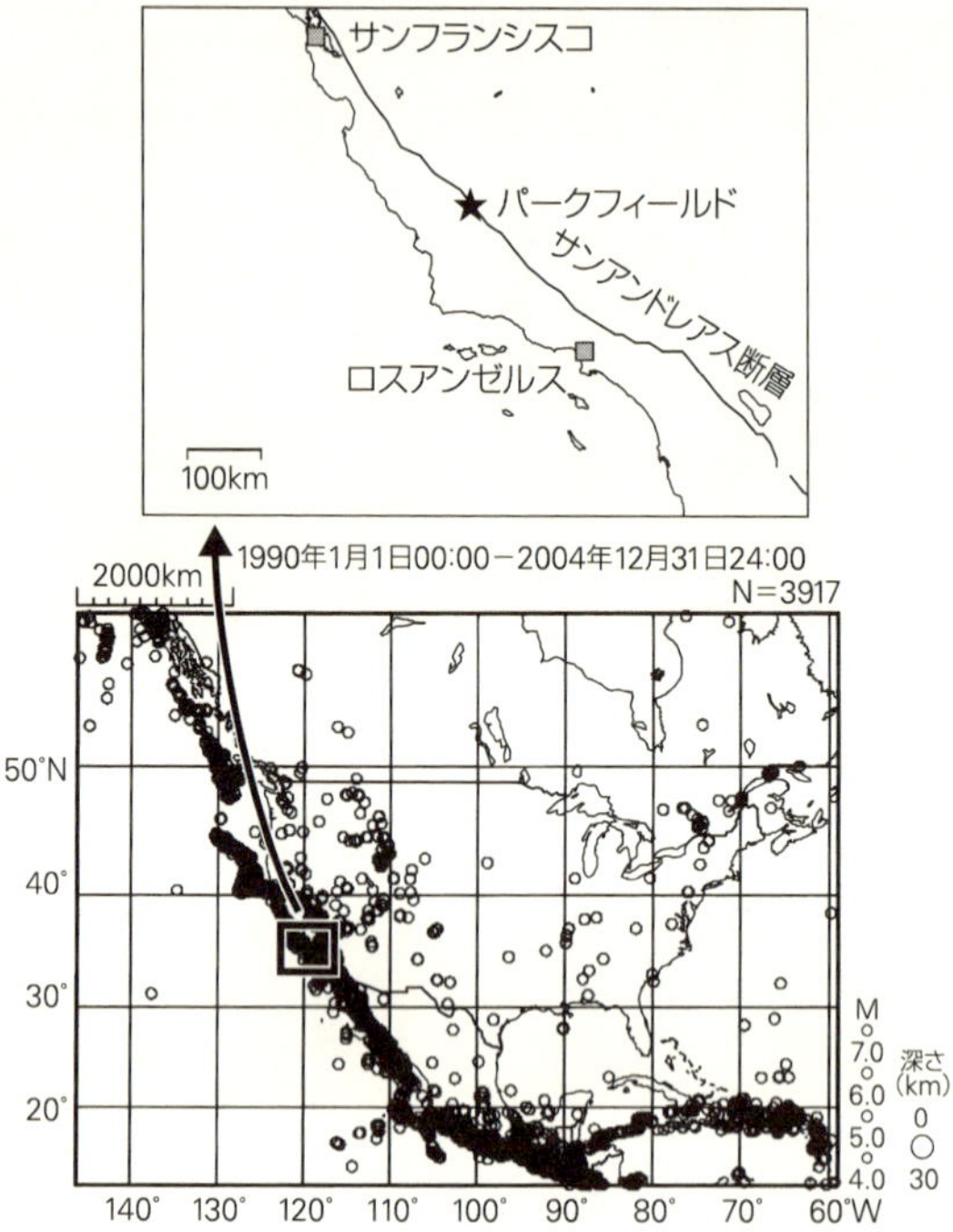

図2-7　**上：パークフィールドとサンアンドレアス断層の位置**
下：北アメリカの震央分布図　全土にわたり地震活動があるわけではないことがわかる．

アメリカのパークフィールド

アメリカで地震予知の実験場に選ばれているカリフォルニア州のパークフィールド（図2-7）では、サンアンドレアス断層（写真2-7）の活動により、一八五七年、一八八一年、一九〇一年、一九二二年、一九三四年、一九六六年と約二二年間隔でマグニチュード六クラスの地震が規則的に起こっている（図2-8）。

一九三四年の地震の前には顕著な前震活動が六七時間前からあり、マグニチュード五の前震が二回、うち一回は本震発生の一七分前に本震の震源付近で起こっている。一九六六年に発生した地震では、本震発生の数日前から地表にクラック（亀裂・割れ目）が現れ、地下で地震を起こさないゆっくりし

写真 2-7　パークフィールドの橋の中央を横切るサンアンドレアス断層（金沢大学隅田育郎氏撮影）
「ここから先は北アメリカプレート」と書いてある．

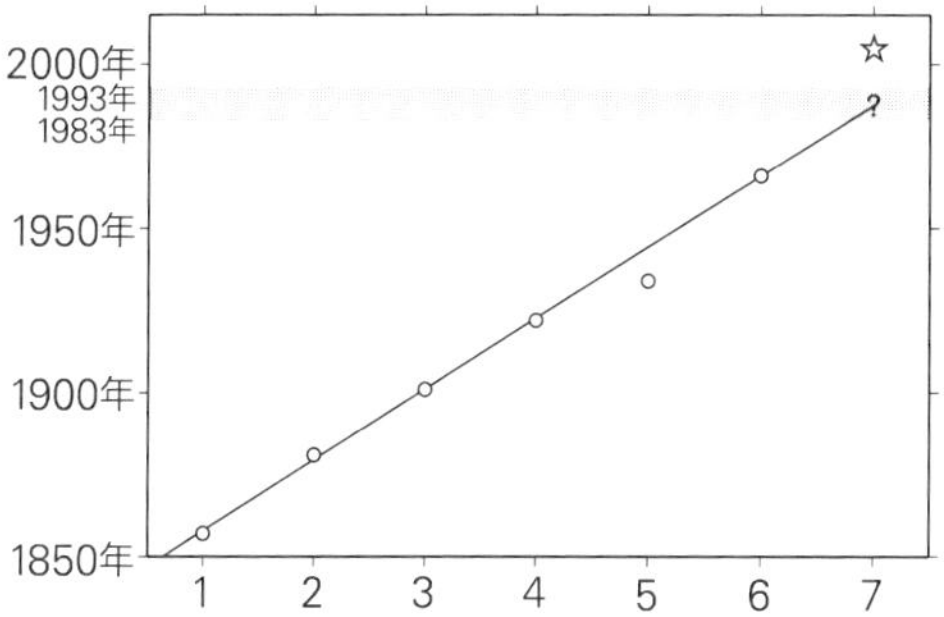

図 2-8　パークフィールドでの地震発生時系列
1966年の地震後に，次の地震発生時期は1988年±5年と予測されていたが（?印），実際は2004年に発生した（☆印）．

たすべりがあったと考えられている。また、一九三四年の場合と同じく、本震発生の一七分前には本震の震源付近でマグニチュード五の前震が起こっている。一九二二年、一九三四年、一九六六年の三つの地震については地震波形記録が残っているが、瓜二つと言っていいほどそっくりである。

これは震源位置、震源メカニズム、マグニチュード、破壊過程がこれら三つの地震で同じであることを意味しており、つまり、断層の同じ場所（後述するアスペリティ）が同じずれ方（＝破壊過程）を繰り返している証拠となるものである。これらのことから、この地域では同じ発生過程をたどる、すなわち同じ前兆現象が出現し、同じ場所が同じように破壊するマグニチュード六の地震が周期的に発生すると考えられていた。一九六六年の地震の後、次に発生する地震の時期は一九八八±五年と予測され、この地震を予知するべく地震計や地殻変動、電磁気、地下水などの観測機器などが周辺に整備され、稠密な観測網が展開されていた。

パークフィールドでは単に学問的な地震予知ということではなく、実践的な地震予知のために、AからEまでの五段階の警報レベルが設定された。最高の警報レベルAというのは七二時間以内にマグニチュード六程度の地震が発生する確率が三七％以上である場合で、一般の人々にも警報を発表することになっている。レベルAの発令基準は急激な非地震性すべりまたは前震と見なしうる大きな地震が発生することである。

こうして十全な準備をして次のマグニチュード六の地震を待ち構えていたのだが、パークフィールドに展開された観測機器の記録には何の変化もないまま、一九八八年は過ぎていった。しかし、一九

図 2-9　もっと大きいのを待ってるぜ！
パークフィールドにあるレストランのメニューに書かれている．

九二年一〇月二〇日にマグニチュード四・七の地震が一九六六年の地震の本震が発生した場所の近くで発生した。ただちにレベルAの警報が発令されたが、マグニチュード六の地震は起こらなかった。その後も一九九三年一一月一四日にマグニチュード四・八の地震が発生したため、レベルAの警報を出したが、やはりマグニチュード六の地震は起こらず、地震予知は空振りに終わった（図2-9）。

　このように、研究者の期待を裏切り続けたパークフィールドで、ついに待ち続けた地震が起こるときがやってきた。二〇〇四年九月二八日にマグニチュード六の地震が発生したのである。しかし、この地震では断層面でのすべりは南東から北西に広がり、断層面のすべりが北西から南東に広がったこれまでの一九二二年、一九三四年、一九六六年の地震とは破壊過程が異なっている。また、一九三四年、一九六六年の地震では、マグニチュード五の前震を伴ったが、二〇〇四年の地震では前震が観測されず、一九六六年の地震直前に観測された水道管の破裂や地表面でのクラックなど断層面に沿う非地震性すべりが観測されなかったことから、地震の前兆としてマグニチュード三・二以上に相当する規模の前兆すべりは発生しなかったと考えられている。

パークフィールドでの約二二年という地震発生の周期性に関しては、周辺で起こった地震の影響で地震発生が遅れたという考えの他に、マグニチュード六の地震が周期的に発生するという考えがいわば固定観念として研究者の頭の中にあり、周辺の別の断層で発生した一九二二年の地震をパークフィールドで発生した地震として扱ったり、パークフィールドで発生した地震を除外していたりした可能性もあるとの指摘がなされている。

いずれにせよ、パークフィールドでの精密な観測からは、中・長期的な地震予知の結果として、場所と規模の予測はおおむね可能であるが時期の特定はきわめて難しいこと、また同じ震源域だからといって必ずしも同じ破壊過程の地震は起こらないことや、同じ前兆現象は現れないこと、という事実が改めて目の前に突きつけられたのである。

コラム⑤●ギリシャのＶＡＮ法

ＶＡＮ法とはギリシャで行われている多地点の連続地電流観測に基づく短期地震予知で、その方法を開発した三人の科学者、Varotsos, Alexopoulos, Nomikos の頭文字をとってＶＡＮ法と呼ばれている。Ｖ氏とＡ氏は固体物性物理学者であり、室内での岩石変形実験の結果を実際の地殻にも応用し、破壊前に岩石（地殻）中を電流が流れる可能性があると考えた。彼らはこの電流をＳＥＳ（Seismic Electric Signal、図）と呼び、地震予知を開始した。

ＶＡＮグループは一九九三年一月三〇日に、ペロポネソス島ピロゴス市付近にマグニチュード六の地震が発生することを予知した。地震は彼らの予知通り三月五日に発生したが、市長がこの予知情報に基づき、市民に避難命令を出していたため、死者はわずか一名であった。

ＶＡＮ法の特徴は、経験則に基づき、震源位置と発生時期を予知する点である。その経験則の一つに選択規則（selectivity）がある。選択規則とは、ＳＥＳはすべての地点で観測されるのではなく、ある特定の地点で特定の震源域からの地震に対してのみ観測されるということである。いったんそのような対応関係が明らかになれば、ＳＥＳが観測される地点から震源位置が推定でき、さらにＳＥＳの振幅と震源までの距離とマグニチュードとの関係式を用いてマグニチュードを推定している。ただし、いずれも経験則のため、ある程度のデータの蓄積がなければ、ＳＥＳを観測しても地震予知はできない。地震の発生時期については、ＶＡＮグループによると、継続時間数分から数時間の変化ＳＥＳが観測されてから、数日から数週間以内に地震が発生するという。

ＶＡＮグループの地震予知の成功基準は、①震央の位置の誤差一〇〇㎞以下、②マグニチュードの誤差〇・七以下、③地震発生は前兆検知後数時間から一カ月程度、という三つの条件を満たすこととしており、彼らの地震予知の的中率はおよそ六〇%であるとの報告がある。しかしながら、この地震予知成功基準の誤差範囲が大きすぎることや、VAN法が経験則に強く依存するということなどから、VAN法には批判が多い。VAN法が予知の根拠としているSESについては、理論的なモデルが提出されているが、予知そのものはあくまでも経験則であり、ここにVAN法の限界が存在すると考えられる。

　VAN法について理論的背景や事例および日本での観測例をより詳しく知りたい方は長尾年恭『地震予知研究の新展開』（近未来社、二〇〇一）をご一読願いたい。

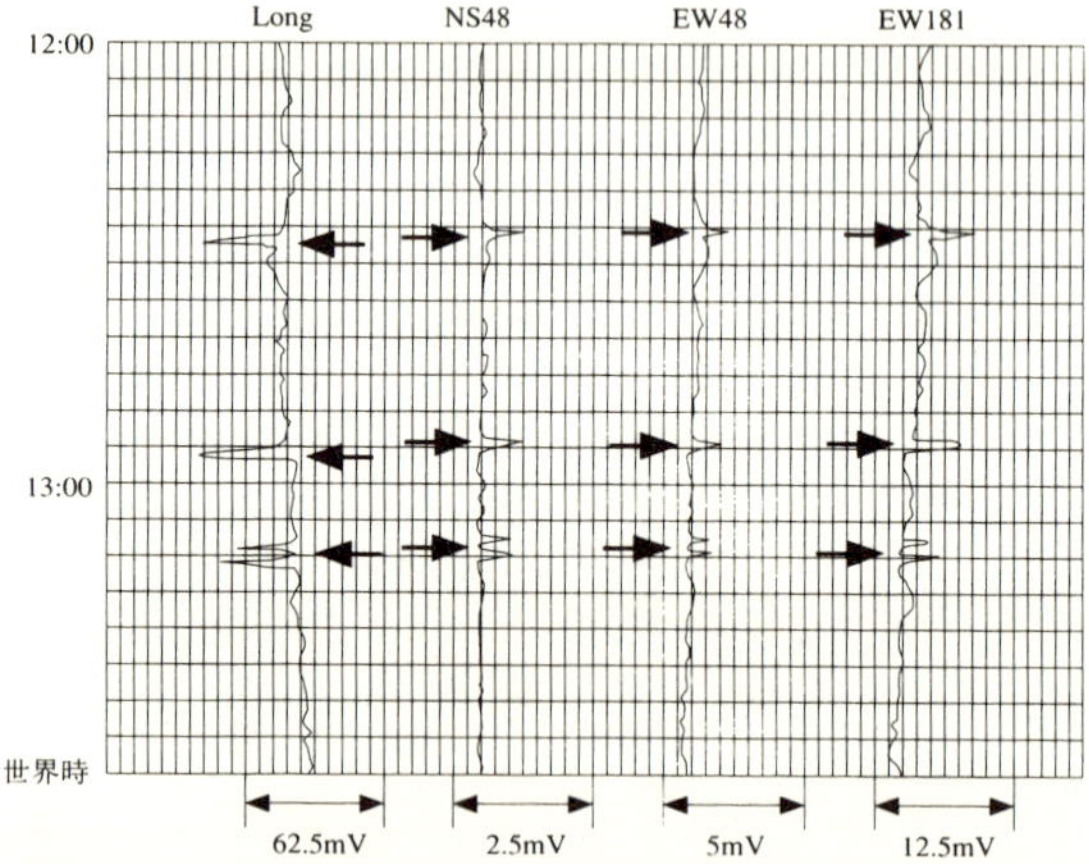

図　ギリシャで観測された典型的な地震前兆電気信号（SES：矢印）
（アテネ大学P. Varotsos氏提供）
それぞれのピークに対応し，地震が発生した．

コラム⑥●ギリシャでは予知できないが日本の地震は予知できる?

ギリシャでは、短期地震予知がVAN法で可能であると主張するVANグループと、ギリシャ国内の地震学者(仮にVAN反対グループと呼ぶ)との間で、VANの予知が「当たった、はずれた」という論争が、一九八〇年代半ばからメディアを通じて激しく行われていた。VAN反対グループは、「地震予知は不可能であり、VANグループの言っていることはまったくのでたらめである」とのコメントを、メディアを通じて何度も発表していた。

そのような状況のもと、一九九五年に日本で兵庫県南部地震が発生した。その時、VAN反対グループの地震学者は、「われわれは兵庫県南部地震発生を予知していた」と大々的に宣伝活動を行った。さすがにその時はギリシャのメディアは「あなたたち(地震学者)は自分の国の地震は予知できなくても、遠くはなれた日本の地震は予知できるのですね」と皮肉交じりに報道したのであった。

VAN反対グループの地震学者が「予知した」と主張したのは、いわゆる中・長期の地震活動度変化から見て、西日本でしかるべき規模の地震が近い将来発生するということに過ぎず、特定の地域、時期などを予測したものではなかった。別の言葉で言えば、短期・直前予測と中・長期の予測を区別せず「予知」という言葉を使ったためのできごとであった。

地震予知を考える際に、まず「あなたの考える予知はどのような時間・空間スケールの予知なのか」を明らかにしてから議論をすることが必要である。

3――この一〇年で何が明らかになってきたのか

3章ではいよいよこの一〇年間の地震予知研究の進展について述べることにする。

天気予報ではいつどこにどのくらいの雨が降るかを予測するために、気圧、気温、水蒸気圧、風向・風速などの物理量を地上や衛星から測定し、大気の動きや熱収支などの状態を物理法則に基づき、コンピュータによるシミュレーションで解析・予測する。その上で、ここでは雨が降るがあそこでは晴れという予報を出す。つまり雨を降らせる「原因」に基づいて予測をしているわけである。

では地震予知の場合はどうだろう。すでに「長期予知」として実現している政府の「地震発生可能性の長期評価」は、過去の大地震の発生履歴という、いわば「結果」に基づいて次の地震の発生確率を出している。日本列島の歪や応力といったような「原因」に基づいて予測をしているわけではない。

やや乱暴な言い方をすると、「(雨が多い地域なのに) しばらく雨が降らないからそろそろ雨が降るだろう」という予測である。しかしそのような予測は「原因」に基づいていないため、精度向上には限界がある。

そこで、地震予知でも、天気予報における気圧や湿度のような「原因」の観測データを用いた予測によって精度向上を図る必要がある。これが地震の「中期予知」である。この一〇年は、実は観測網の発達によって今まで見えなかった地震の「原因」となる現象が捉えられるようになってきた一〇年だった。この章では、その中で特に重要な「アスペリティ」と「ゆっくりすべり」について解説し、それらを用いた地震予知のために必要なコンピュータシミュレーション技術の進歩について述べる。

1──「ぺったり」と「ずるずる」地震を起こす場所はどちら?──アスペリティの発見

アスペリティとは何か

地震に関する書籍を読んだり学会発表などを聞くと、近年「アスペリティ」(Asperity)という単語が呪文のように唱えられていることに気付く。地震現象、特にプレート境界で発生する地震現象の理解やモデル化には、このアスペリティという概念が非常に重要となってきている。アスペリティモデルによって、プレート境界での地震の起き方を理解できただけでなく、地震発生のシミュレーションまでが可能となった。この一〇年の地震予知研究の最大の進歩のひとつは、地震の発生がこのアスペリティモデルによって統一的に理解されるようになってきたことである（図3-1、写真3-1）。

日本列島では、海底のプレートが海溝から地球の内部に沈み込んでいる。プレートが沈み込む際には、沈み込むプレートと陸側のプレートとが固着していて、沈み込むプレートが陸側のプレートを引きずっている。陸側のプレートが引きずりに対抗して反発する力は、プレートの沈み込みに伴って次第に大きくなる。プレート間に働く摩擦力が陸側のプレートの反発力よりも大きいために、ふだんはプレート間が固着していて、陸側のプレートが引きずられている。しかし、反発力が摩擦力に勝ったとき、固着がはずれ、陸側のプレートが急激に跳ね返って地震を起こす。「ぺったり」と固着していた部分が、「ばりっ」と割れるようなイメージである。

最近の研究によって、このプレート間の固着の様子が詳しくわかってきた。それはこの固着した領域が一様にあるわけではなく、固着の様子はさまざまで、ふだんは強く固着していて「地震時に急激にすべって強い地震波を出す領域」と、ふだんからじわじわずるずると「ゆっくりすべっている領域」とに分けられることがわかってきたのである。本書では前者を「アスペリティ」、後者を「ゆっくりすべり域」と呼ぶことにする。

アスペリティモデルとは、沈み込むプレートと陸側のプレートとが接している部分が、アスペリティとゆっくりすべり域に分けられるという単純なモデルである。過去の地震の解析によると、アスペリティは、地震が繰り返し起きてもあまりその場所が変わらない。一方、地震が起きていないときに

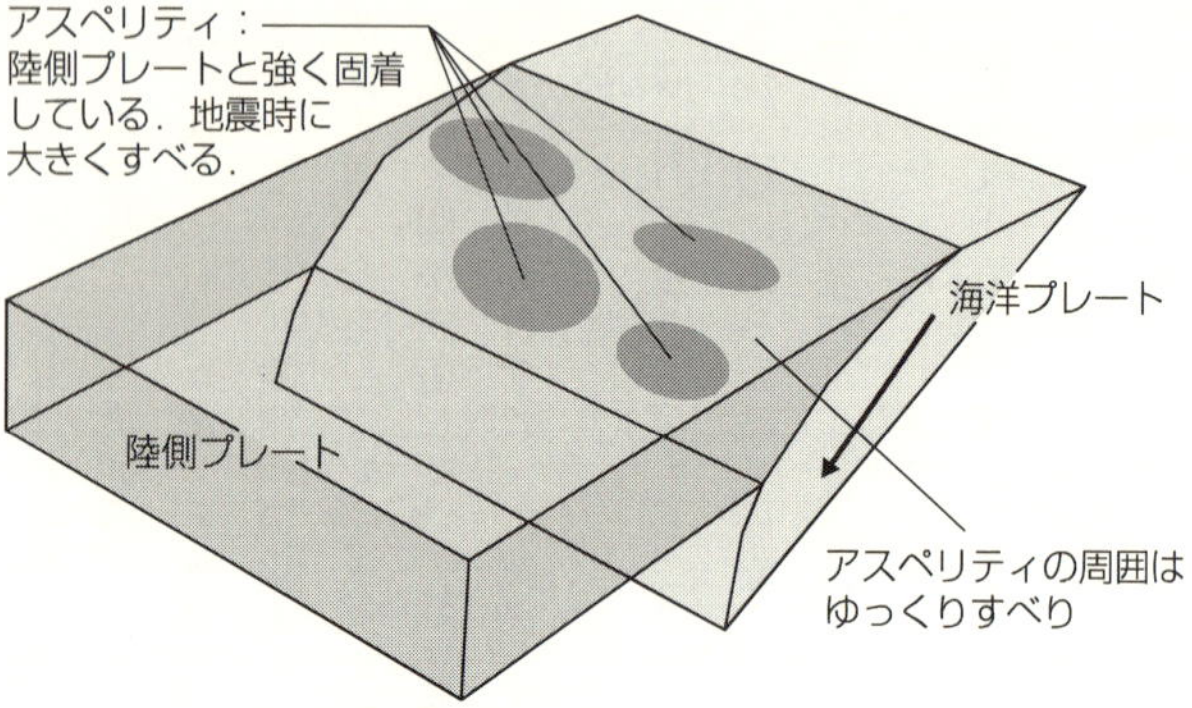
アスペリティ：
陸側プレートと強く固着
している．地震時に
大きくすべる．
海洋プレート
陸側プレート
アスペリティの周囲は
ゆっくりすべり

図 3-1　アスペリティの概念図

写真 3-1　アスペリティのモデル
アクリル板の上に半透明のシリコンゴムシートを置いて指で押さえた様子．指で押さえたところがぺったりくっついているのがわかる．このシートをひっぱると，くっついている部分（アスペリティ）は動きにくいが，周辺の部分は動く．

は、ゆっくりすべり域でプレート境界がすべることによって、地震時に急激にすべるアスペリティに応力が集中していくのである。

プレート境界でのおおまかな地震発生モデルは、プレートテクトニクス理論ができあがった一九七〇年代にはすでに存在していた。そのモデルを精緻化し、プレート間のさまざまな地震発生様式を統一的に説明したのがアスペリティモデルであるといえよう。

アスペリティモデルの優れた点

アスペリティモデルとは、

このようにとても単純なモデルであるためか、なぜこれが重要な成果なのかがなかなか理解してもらえない。しかし、このモデルは二つの点で非常に優れている。

まずプレート境界面をアスペリティとゆっくりすべり域に分ける二元論的概念であるため、非常にわかりやすい。わかりやすいために、多くの観測や実験結果を説明するための議論に用いられる回数が多くなる。その結果、モデルの検証や高度化の速度が速くなる。これはちょうどプレートテクトニクス理論が登場してきたころに似ている。プレートテクトニクスは、地球表面の複雑な地質プロセスを十数枚のプレートの剛体的動きという単純なモデルによって説明している。そのため、多くの観測事実をプレートテクトニクスで説明する努力がなされ、その結果、精緻化が進められると同時に適用限界も明らかになってきた。おそらくアスペリティモデルもそのような過程を経て、より高度な概念につながっていくものと思われる。

アスペリティモデルのもう一つの優れた点は、モデルが摩擦法則（摩擦を表す方程式）によって表現されることである。アスペリティのように急激にすべる領域も、ゆっくりすべる領域も同一の方程式で、媒介変数（パラメータ）を変更するだけで表現できる。プレート境界面上でそのパラメータの分布がわかれば、方程式ですべりの様子が表現できる。そのため、理論的考察が可能になる。

またそれに加えて最大の利点は、数式で表されるためにシミュレーションが可能になることである。地震の発生とは、地殻に応力がかかって変形していき、最終的にはプレート境界や断層が急激にすべる現象である。応力による地殻の変形は、弾性や粘弾性などの方程式によって表現できる。断層のすべりが方程式で表現できれば、地震発生のシミュレーションが可能になる。

アスペリティモデルで説明できる最近の地震

アスペリティモデルは、最近発生したいくつかの地震についても適用され、検証されつつある。二〇〇三年に発生した十勝沖地震はその代表的な例である。二〇〇三年九月二六日に十勝沖地震（M八・〇）が発生した。ただちに地震に伴うプレート境界でのすべり分布が計算され、その結果、この地震のすべり分布は一つ前の十勝沖地震（一九五二年、M八・二）のすべり分布とほぼ同じであることが判明した。これは、アスペリティ領域が地震のたびに変化しないというモデルに合致している。

また二〇〇三年の十勝沖地震では、さらに地震の後に発生した「余効変動」の発生場所が特定された（図3-2）。余効変動とは地震の後に観測されるゆっくりとした地殻変動である。多くの地震、特にプレート境界の地震では、地震の直後から人体にはまったく感じないゆっくりとした地殻変動が観測されることが多く、数カ月から数年継続する。二〇〇三年十勝沖地震直後に始まった変動の原因をプレート境界面上のゆっくりとしたすべりと仮定すると、十勝沖地震時に急激にすべった場所を取り巻く領域が、ゆっくりとすべっていることがわかった（このような地震直後のゆっくりとしたすべりを「余効すべり」という）。これは、十勝沖地震の震源域周辺では、地震時に急激にすべるアスペリティ領域とゆっくりすべる領域とが棲み分けていることを表し、これもアスペリティモデルに合致している。

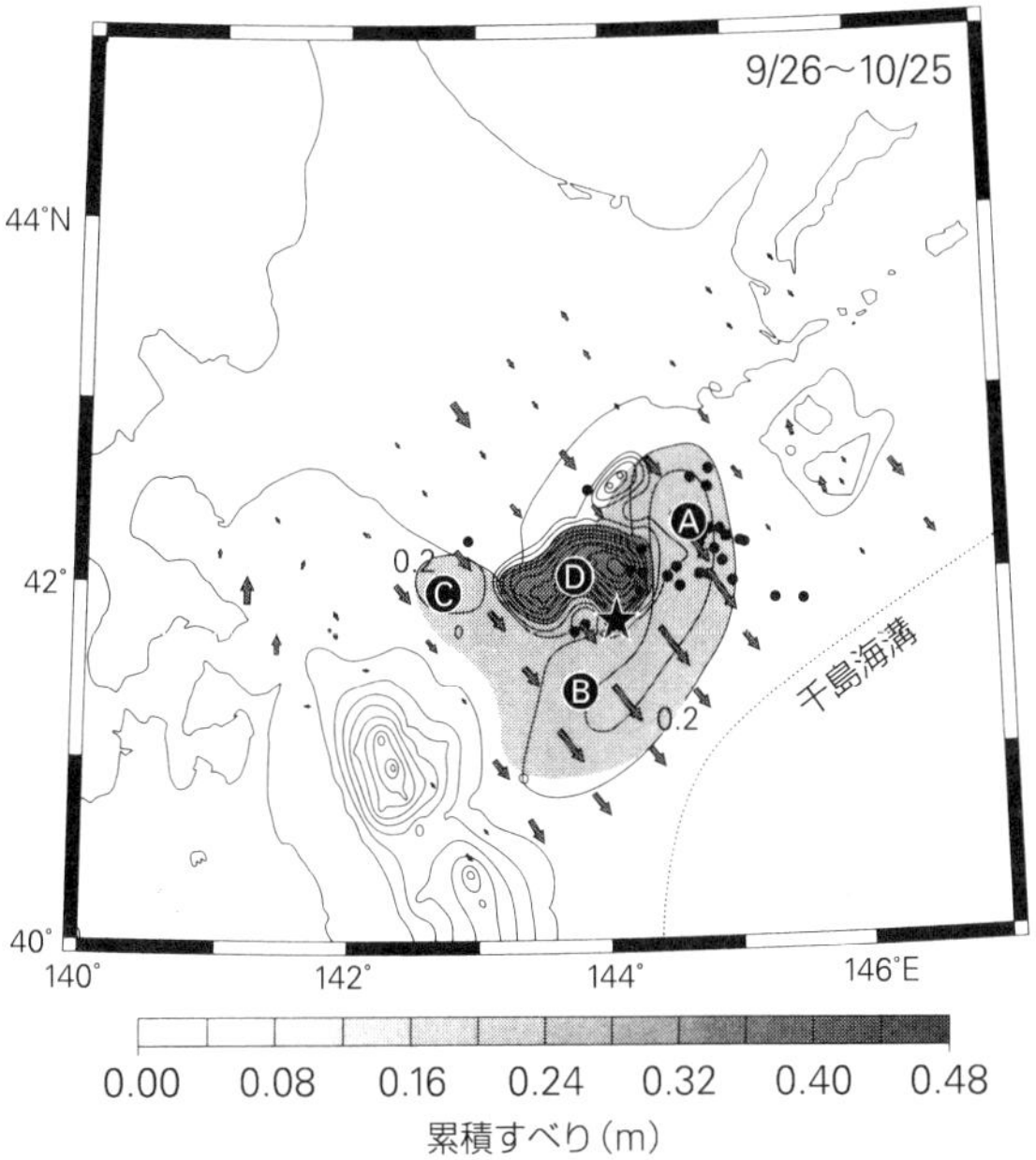

図3-2　2003年十勝沖地震の余効変動の分布（Miyazaki *et al.*, 2004）
A〜B〜Cにかけての範囲が地震後1カ月間の余効すべり域，Dが地震時のすべり域（アスペリティ）．

地震学者を悩ませる宮城県沖の地震

前述のように、プレート境界においてはアスペリティと呼ばれる地震の発生単位が決まっていると考えている。1章で述べた南海トラフ沿いの巨大地震は、地震ごとにその規模がまちまちであるが、それはそれぞれのアスペリティが引き起こす地震の規模が決まっているものの、同時に破壊するアスペリティの組み合わせによって全体の地震の規模や震源域の広がりが決まるという考えで説明できる。東海地震、東南海地震、南海地震がそれぞれ独立したアスペリティによる地震であり、地震発生ごとに組み合わせが異なっていると見なされる。

このような組み合わせの気まぐれが、ときに地震学者を悩ませることがある。二〇〇五年八月一六日、宮城県沖でマグニチュード七・二の地震が発生した。この場所では平均間隔四〇年程度で大きな地震が発生している。前回の地震は一九七八年に発生した宮城県沖地震（M七・四）であったため、今回の地震が起きる直前、宮城県沖における地震の三〇年発生確率は九八％となっていた。ところが、今回発生した地震はマグニチュード七・二であり、想定されていた地震に比べると小振りで、エネルギーにして半分程度の地震であった。この地震が想定された宮城県沖地震かどうかについて大問題となったのは言うまでもない。というのは、もしもこの地震が想定された地震であったのならば、今後三〇年程度は地震発生を心配しなくてよいことになる。しかし、想定した地震でないのならば、依然として宮城県沖の地震に対する警戒を継続する必要があるからだ。

地震の後、東北大学を中心として精力的な調査と研究が行われ、注目すべきことが明らかになった。宮城県沖では一九七八年に発生した地震の前に、一九三〇年代にいくつか地震が発生している。東北大学では一九三〇年代に発生した地震の震源の再決定を行い、一九七八年の地震や二〇〇五年の地震と比較した（図3-3）。その結果、一九七八年の地震は一九三三年、三六年、三七年の地震を起こしたアスペリティが一度に破壊したものであること、また二〇〇五年の地震は一九三六年の地震で破壊したアスペリティが破壊したものである可能性が高いことがわかってきた。このことは今後数年程度

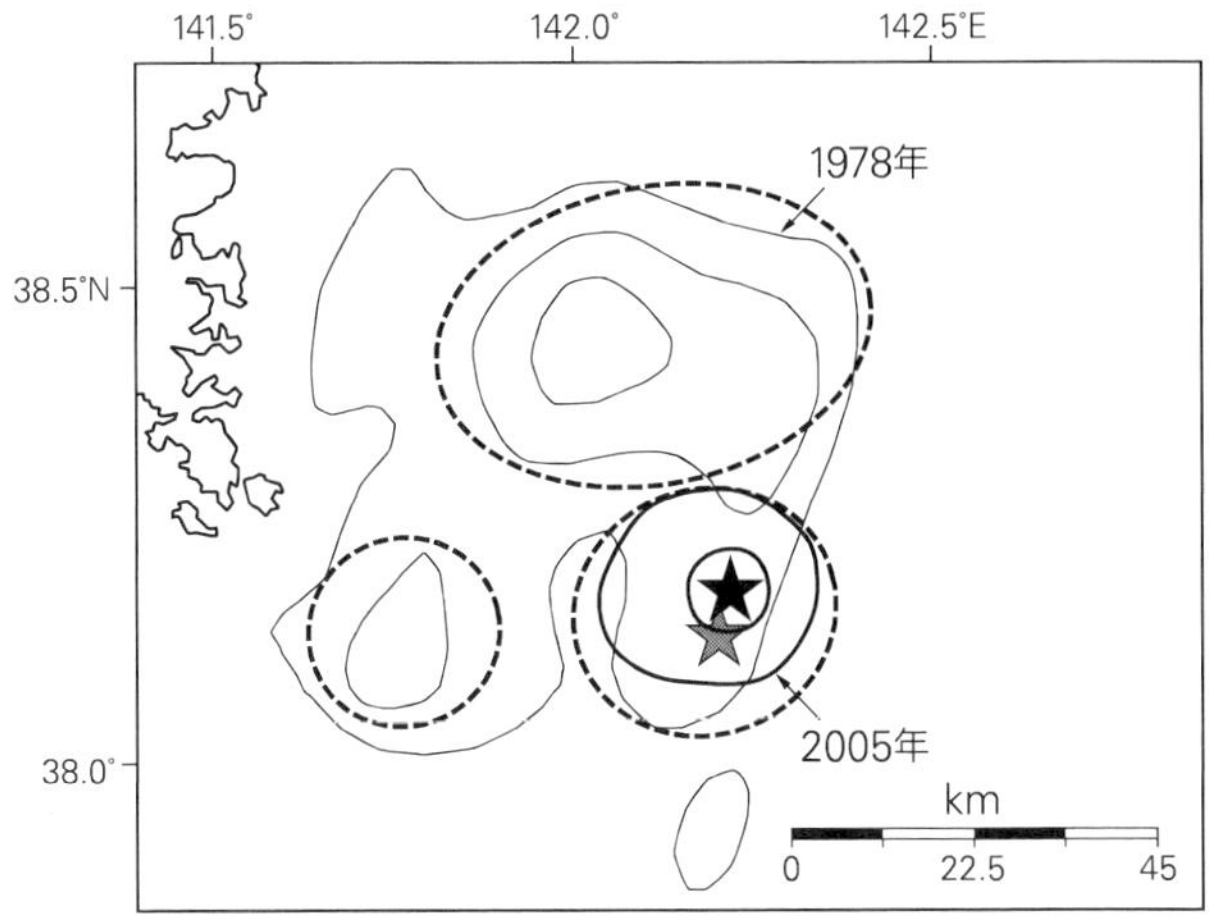

図 3-3　宮城県沖地震の震源域のアスペリティ（東北大学，2005 の図を改変）
細い線は 1978 年宮城県沖地震の，太い線は 2005 年の地震のすべり分布．星印はそれぞれの地震の震央．破線で囲んだ部分がアスペリティと考えられている．

のタイムスケールで宮城県沖ではマグニチュード七クラスの地震が発生する可能性がまだ残っていることを示している。そして、今後の地震の起こり方が予想通りかどうかで宮城県沖の地震発生モデルの検証ができる。

宮城県沖では、これまで同じ地震が四〇年程度の間隔で繰り返すと考えられていた。しかし二〇〇五年の地震に基づいたこのような詳細な研究により、宮城県沖では複数のアスペリティの組み合わせによって地震発生を理解できることが明らかになりつつある。

プレート境界のカップリング

太平洋プレートは年間約八cmという速さで、日本海溝から日本列島の下に沈み込んでいく。マグニチュード八クラスの地震が発生すると、プレート境界は約四m程度ずれるため、東北日本の東方沖の日本海溝や北海道南方沖の千島海溝から沈み込んでいくプレート境界面では、どこでも、約五〇年に一度の割合でマグニチュード八クラスの巨大地震が繰り返しても不思議ではない計算になる。しかし、これらのほとんどの場所では、太平洋プレートの沈み込みに見合うだけの地震は起こっていない。

　巨大地震を物差しにしたプレート境界面の固着度を、「地震カップリング」という言葉で定義してみよう。プレートの沈み込みに見合うだけの巨大地震が起こっていれば、地震カップリングは一〇〇%、巨大地震が起こっていない場合には、地震カップリングは〇%ということにする（図3-4）。このカップリングという言葉は、地震現象を理解するための重要なキーワードである。アスペリティモデルができるまで、このカップリングの違いは謎であった。

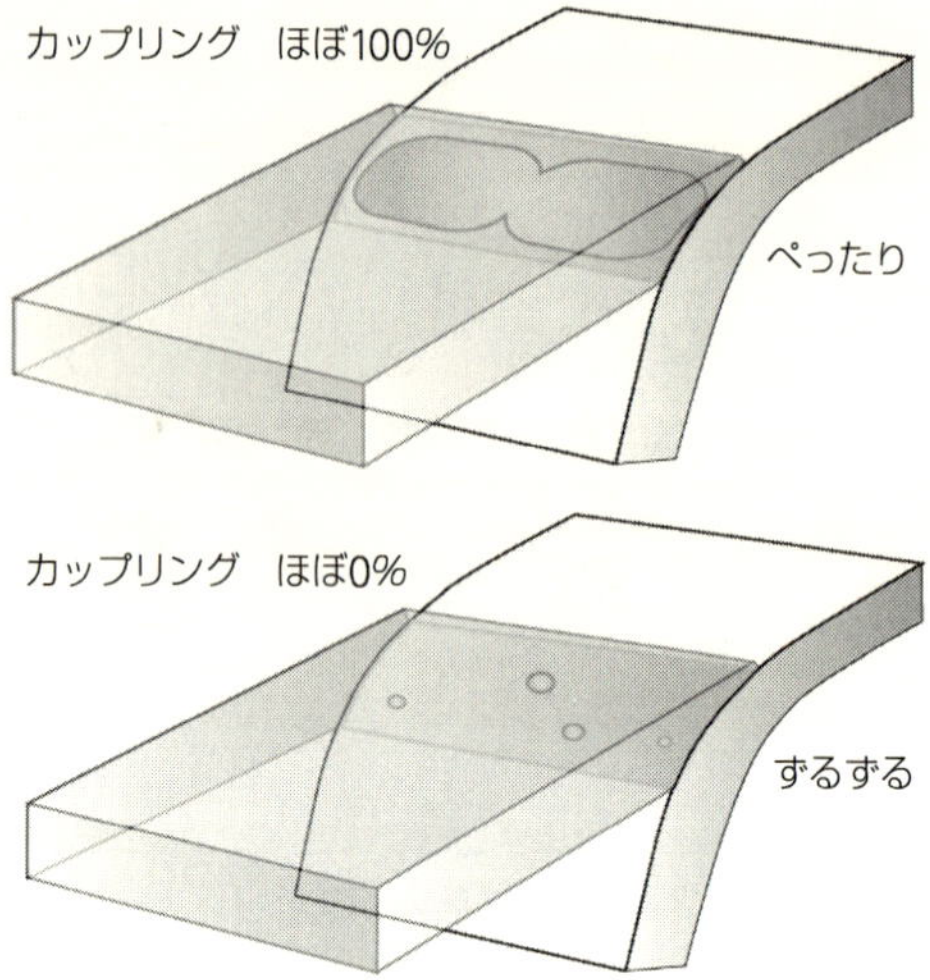

図3-4　カップリング0%と100%
プレート境界面のほとんどの部分がふだんは固着していて地震時のみにすべる場合は，カップリング100%という．ほとんど固着していない場合には0%となる．

　日本の太平洋側の北緯三九度以北の三陸沖や北海道沖のプレート境界では、おおよそ一〇〇年に一

コラム⑦●固有地震とは？

南海トラフ沿いでは、マグニチュード八クラスの地震がおよそ一〇〇年から一五〇年おきに発生している。場所は駿河湾から東海沖、東海沖から紀伊半島沖、紀伊半島から四国沖であり、それぞれ東海地震、東南海地震、南海地震と呼ばれている。これらについて最近のマスコミでは、ごく普通の地震の話題として、ほとんど当たり前でわかり切ったものとして報道されている。これは、ある大きさの地震がある一定間隔で発生するという考えが、人々の感覚にすんなり受け入れられやすいからであろう。しかし、実はこの考えは、アスペリティモデルができあがるまでは、必ずしも自明のことではなかった。

地震予知が原理的に不可能であるとする論拠の一つとして、地震の大きさ（マグニチュード）には特徴的な大きさがない（難しい言葉で言えばフラクタル構造を持っている）という主張がある。「特徴的な大きさがない」とは、大きい地震と小さい地震とでは相対的な起きやすさが決まっているだけで、地震が発生してからそれが大きくなるか小さくなるかは偶然に任されていることを意味する。実際この関係は、前にも述べたように、グーテンベルク・リヒターの関係として広く知られている。つまり、小さな地震は頻繁に起こるが、大きな地震はめったに起こらないという関係式である。

ところが、このグーテンベルク・リヒターの関係も、最大規模の地震については成り立っていないことが多い。この理由は、地震が起きる深さに関係していると考えられている。海溝に沿って発生するプレート境界の巨大地震では、震源域の深さの下限はおおむね三〇kmと考えられている。また地殻においても、発生する地震の下限はおおむね一五km程度である。これらの事実は、「地震の大きさには特徴的な大きさがない」というモデルに反する。ある地域の地震のサイズの上限は、この地震が発生する深さの下限で決まる。そのため、ある地域の最大規模の地震はグーテンベルク・リヒターの関係式に当てはまらないのである。このような最大規模の地震のことを、その地域に固有のものという意味で「固有地震」と呼んでいる。

現在、海溝沿いで発生するプレート境界の地震では、固有地震という考え方はアスペリティモデルに取って代わられている。アスペリティモデルでは、個々のアスペリティが引き起こすマグニチュードは決まっていて、地震ごとに同じ面積のアスペリティが同じ長さだけすべる（つまり地震が発生する）。プレートの沈み込み速度が一定であるため、一つのアスペリティですべりが発生する間隔もほぼ一定している。ただし、アスペリティが近接している場合には相互作用があり、複数のアスペリティが連動して発生することもある。このようなアスペリティモデルが適用できれば、地震の規模と再来間隔からだいたいの地震発生時期の予測が可能となる。

度程度の割合でマグニチュード八クラスの巨大地震が起こっており、平均的な「地震カップリング」は三〇～四〇%と見積もられていた。ところが、非常に不思議なことに、北緯三九度以南の日本海溝では、江戸時代の歴史時代も含めて少数の巨大地震しか知られておらず、プレート境界面の地震カップリングは五%程度かそれ以下である。もっと不思議なのは伊豆・小笠原海溝で、歴史時代も含めてプレート境界型の巨大地震はまったく知られていない。したがって、地震カップリングは〇%ということになる。

アスペリティモデルによると、図3-4のように、このカップリングの違いはアスペリティとゆっくりすべり域の面積比の違いが原因であるとされる。伊豆・小笠原海溝では、ほとんどがゆっくりすべり域であり、プレート境界全体がふだんからずるずるすべっていると考えられる。北海道・東北地方太平洋側の海溝では、ゆっくりすべり域が広いものの、比較的大きなアスペリティが破壊して地震を発生させる。一方フィリピン海プレートが沈み込む南海トラフでは、カップリングがほぼ一〇〇%であるとされている。これは東海地震・東南海地震・南海地震に対応する大きなアスペリティによって、ふだんはぺったりとくっついていると解釈できる。

2—地震を起こさないゆっくりすべり

アスペリティモデルと並ぶ地震予知研究のここ一〇年の成果は、地震が起きていないときに発生する地殻変動が実際の観測によって捉えられ、その原因がプレート境界のゆっくりしたすべりだということが明らかになってきたことだろう。国土地理院によって全国にGPSのネットワーク(GEONET)が整備され(本章4節参照)、その結果、GEONETができる前には思いもよらなかった地殻変動現象がいろいろ見つかってきた。とくに、プレート間で発生するゆっくりとしたすべりが、こんなに見つかるとは思ってても見なかったのである。地震と言えば、一瞬のうちに断層がずれて地震波が発生し、それが伝わってきて被害が起こる、という地震像しか知らない人々にとっては、断層というものが日々静かにずれるものだという概念は、驚くものではないだろうか。

プレート境界のゆっくりすべり

大地震による断層面のすべりはおおむね秒速数メートル程度の速さであり、数十秒から数分の間に終了する。それに対し、桁違いにゆっくりと断層面がすべり、それが数時間、数日、数カ月、場合によっては数年も継続するような現象もある。そのような現象は「ゆっくりすべり」と呼ばれている。ゆっくりすべりの検出には、宇宙技術を用いたＧＰＳや、特別に設計された歪計や傾斜計などの観測機器による記録が用いられている。ゆっくりすべりは、継続時間の相対的長短により「長期的ゆっくりすべり」とか「短期的ゆっくりすべり」と呼ばれる。

ゆっくりすべりはこれまで、スロースリップ、スロー地震とか、サイレント地震など、さまざまな名称で呼ばれてきた。サイレント地震と呼ばれるときは、地震学の「耳」である地震計で捉えられないことを強調するときである。さまざまな呼び方があるが、このように断層が地震波を発生させずゆっくりとすべる現象を、ここではゆっくりすべりと総称することにする。

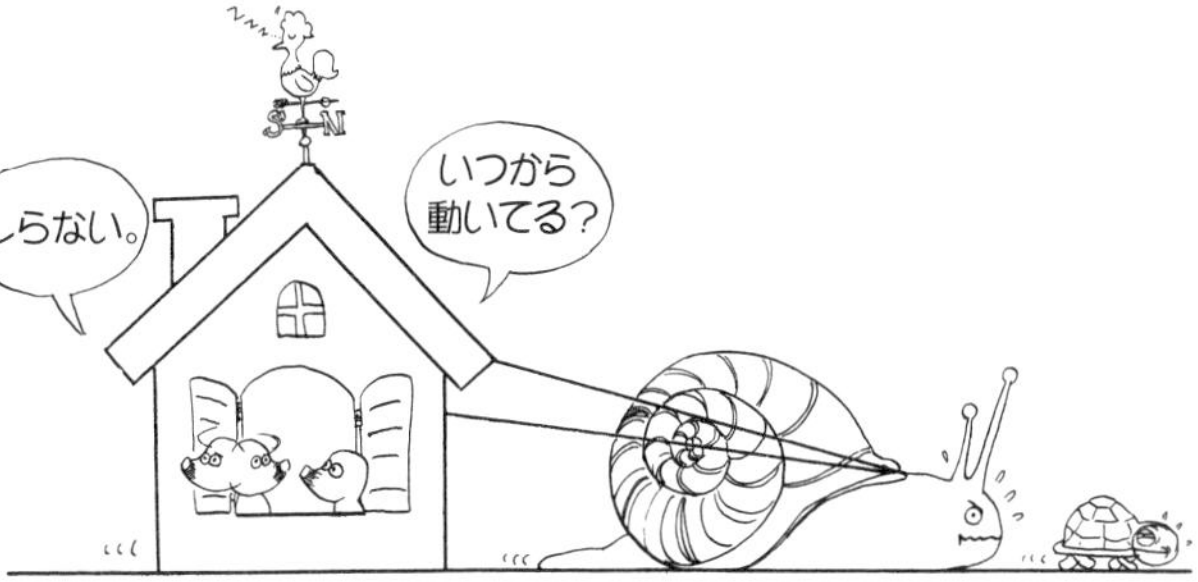

いつから動いている？　さあ

北海道・東北のゆっくりすべりと相似地震

まず北海道や東北地方の下に沈み込むプレートについて見てみよう。北海道や東北地方の太平洋側に沈み込む太平洋プレートと陸側のプレートとの境界面は、アスペリティと呼ばれている領域によってふだんは固く固着していることはすでに述べた。しかし、よく調べてみると、アスペリティのプレート境界面に占める面積の割合は、場所によって異なることも明らかになってきた。北海道や東北地方の日本海溝沿いのプレート境界ではアスペリティの占める面積の割合が、南海トラフ沿いのプレート境界に比べて比較的小さいことがわかってきたのである。裏を返せば、北海道や東北の日本海溝沿いでは、ふだんからゆっくりすべっている場所が目立っていることを表している。

東北や北海道のプレート境界では、沈み込むプレートと陸側のプレートとが接する境界面にはさまざまな大きさのアスペリティがあると考えられている。アスペリティの大きさによって発生する地震の規模（マグニチュード）が異なる。大きなアスペリティは、被害を発生するような強いゆれを引き起こし、小さなアスペリティは人体に感じないような弱いゆれしか起こさない。そのため普通は大きなアスペリテ

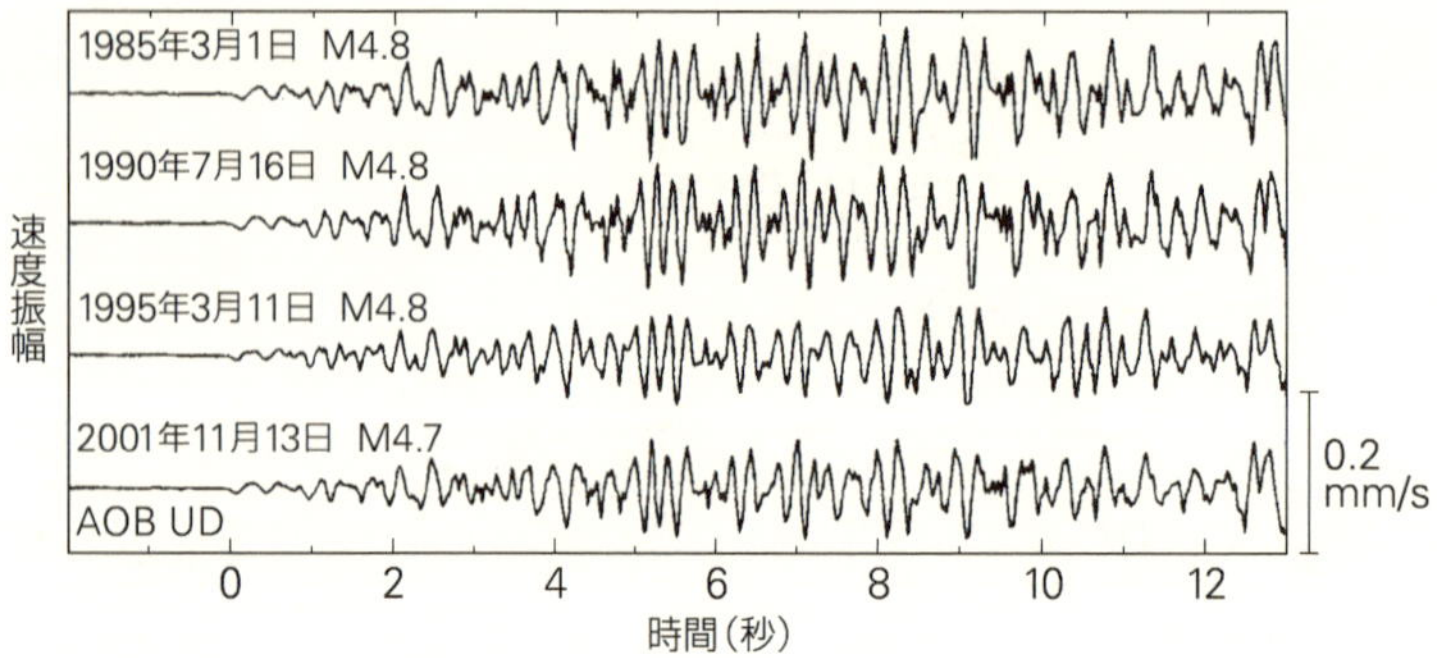

図3-5　東北日本の釜石東方約20 km沖の4つのマグニチュード5クラスの繰り返し地震の波形（長谷川，2002）

ィが注目されやすいのであるが、東北大学の研究者はむしろ小さなアスペリティに注目した。

　小さなアスペリティは大きなアスペリティに比べて一回の地震ですべる量が小さいために、大きなアスペリティに比べて頻繁に地震が起きる。この小さな地震の回数は小さなアスペリティ周辺のゆっくりすべり域のすべり量に比例する。ちょうどオルゴールのつめのように、頻繁にはじかれて地震を発生しているのである。このようなオルゴールがはじかれるような地震は「小繰り返し地震」とか「相似地震」と呼ばれている。「相似地震」と呼ばれる理由は、同じ場所で発生する地震の波形が毎回非常に似通っているからである（図3-5）。

　相似地震が起きる場所は、東北から北海道にかけて非常に多く見つかっている。二〇〇三年の十勝沖地震のあとにも、十勝沖地震のアスペリティ周辺に多くの相似地震が見つかり、その解析の結果は、GPSによる余効すべりのすべり量と一致している。また宮城県沖では近い将来地震の発生が懸念されているが、この地域においてもプレートのゆっくりすべりが相似地震によって実際にモニターされている。

西南日本のゆっくりすべり

一方、西南日本では、プレート境界のゆっくりすべりをモニターできるだけの相似地震は見つかっていない。その代わり、ときどき発生するゆっくりとしたすべりが、GPSや傾斜計・歪計でたくさん見つかっている。その代表的なものは二〇〇〇年の後半から浜名湖付近を中心として始まったゆっくりすべりで、しかもその活動は数年間の長期にわたる「長期的ゆっくりすべり」だった。

二〇〇〇年六月末から八月にかけて、伊豆半島南東沖の三宅島で活発な火山活動と群発地震活動が生じた。それとほぼ同期して、図3-6に示した浜松と掛川のGPS時系列のように、東海一帯のGPS観測点が、定常的な方向から外れて南東の方向にゆっくり動き出した。この地表の動きは、ほぼ五年継続し、最大八㎝にも達した後、二〇〇五年には定常的な動きに戻った。この変動は浜名湖の下のプレート境界でゆっくりとしたすべりが起きたためと考えられており、「東海スロースリップ」と呼ばれる(4章参照)。GPS観測から得られた地表の動きの解析により、プレート境界面で上盤が五年間で一〇～二〇㎝海に向かって動くすべりが生じたことがわかった(図3-6)。面積とすべりの大きさから換算すると、マグニチュード七・一の地震に匹敵する。

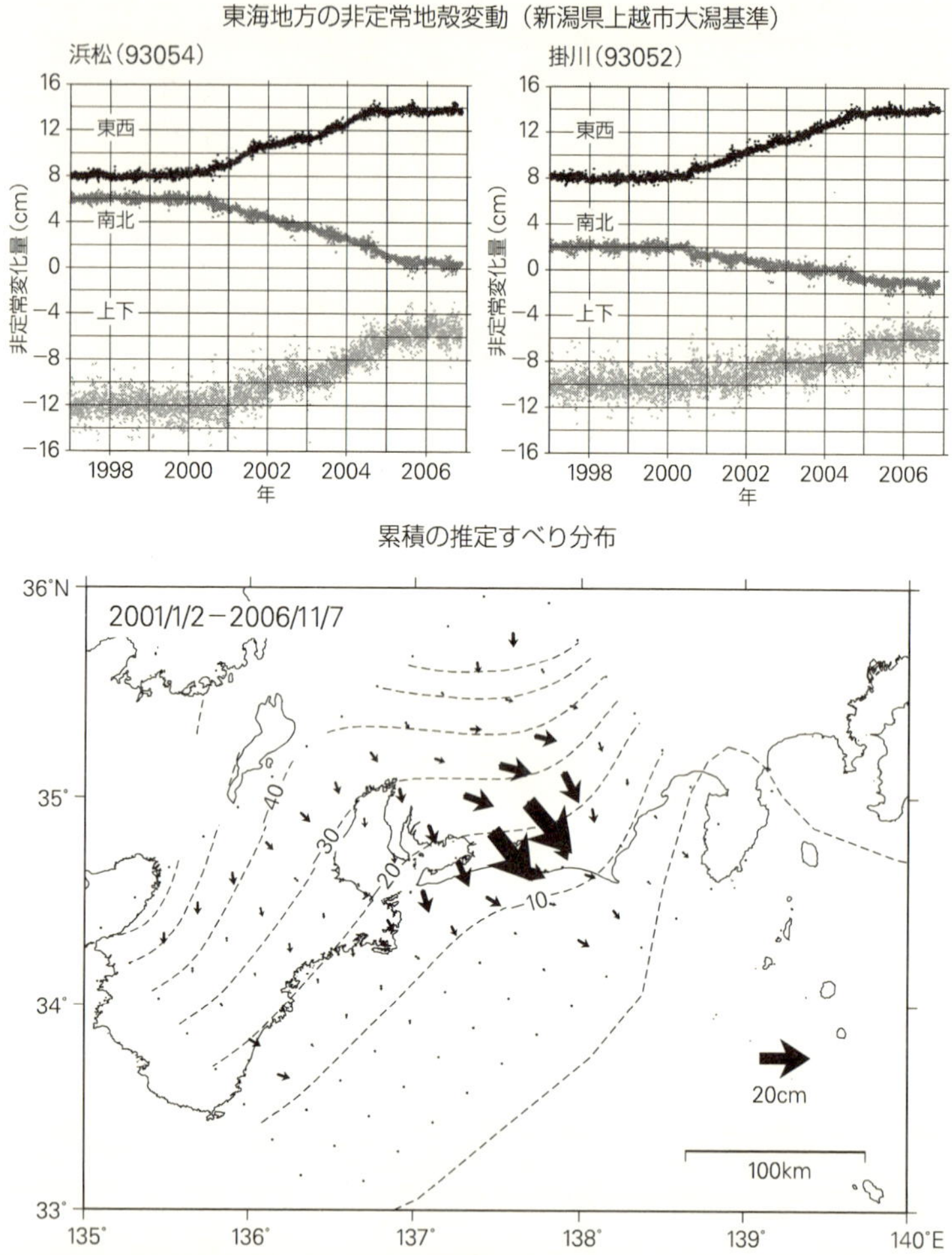

図 3-6　東海スロースリップに伴う地殻変動の変化（上）とプレート境界面でのすべり分布（下）

浜松と掛川の変化は，2000 年以前の定常的な傾向を除去したもの．すべり分布は 2001 年から 2006 年までの累積すべりを矢印で表す．破線は，プレート境界面の深さ（km）を表す．

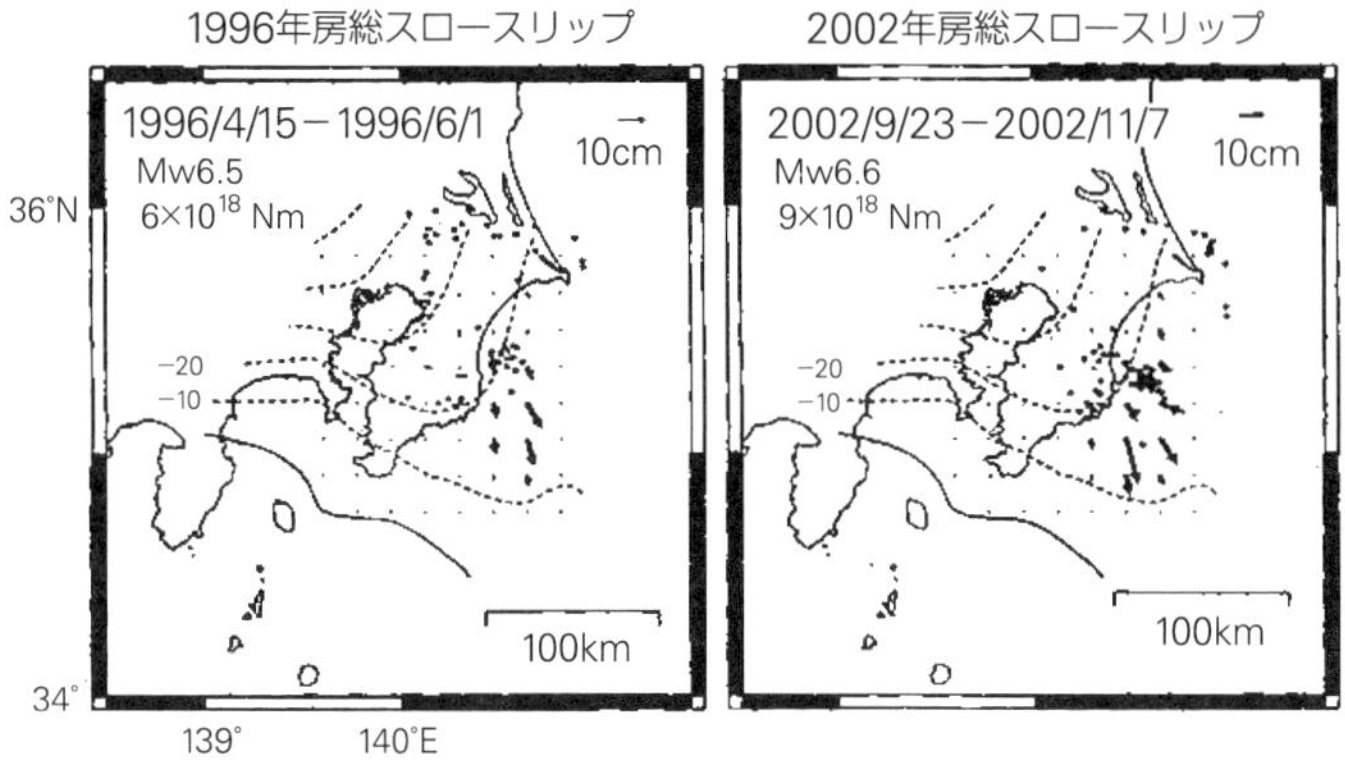

図3-7　1996年と2002年の房総スロースリップのすべり分布（国土地理院，2003）
房総半島南東沖の矢印は，プレート境界面でのすべりの大きさと方向を表す．点線は，プレート境界面の深さを表す．

短期的ゆっくりすべり

次に、「短期的ゆっくりすべり」の例を挙げよう。一九八九年一二月九日、防災科学技術研究所の東京湾周辺の傾斜計記録が、一日から二日かけて変化をした。このデータを解析した結果、東京湾直下のフィリピン海プレート境界面上で、マグニチュード六・六の地震に匹敵する地殻歪をゆっくり解放したことがわかった。同様の例として、一九九六年と二〇〇二年に房総半島沖で発生した一週間程度継続したゆっくりすべりなどがある（図3-7）。

こうしたゆっくりすべりと巨大地震との関係は、どのように理解すればよいのだろうか？　このようなゆっくりすべりは、ふだんは固着している地震の震源域に隣り合った場所で発生している。ということは、ゆっくりすべりというプレート境界のすべりによって、震源域に応力が新たに加えられていくことを示している。つまり、震源域に応力が集中していく様子を表しているのである。しかし、ゆっくりすべりという現象は発見されてまだ日が浅いため、巨大地震とどのように関係するかが今後の地震予知研究の主要課題だと言うにとどめておきたい。

深部低周波微動と短期的ゆっくりすべり

深部低周波微動の発見

もう一つの謎に満ちた発見は、深部低周波微動（Deep Low Frequency Tremor）である。一九九九年頃、防災科学技術研究所や大学、気象庁等の高感度微小地震観測網のデータを一元的に用いて地震活動を監視していた気象庁の職員は、西南日本の地下深さ四〇㎞前後の領域で、火山地帯でもないのに低周波が卓越し、S波ばかりが見える（ふだんよく見えるP波は見えにくい）奇妙な地震群を見つけた。ほぼ同時期に、防災科学技術研究所の小原一成は、四国西半部の地震観測点の記録が、一斉に異常な低周波（マグニチュードの割には長周期）の振動を記録している時期があることに気がついた。大規模な発破でない限り、人工的なノイズのパワーは小さく、四国西半部ほどの広がりで観測されるとは考えにくい。「深部低周波微動」は人工的なノイズではなく、自然現象と考える他はない。通常のP波とS波のペアからなる特徴的な地震波形ではないので、「地震」ではなく「微動」と呼ばれている。新しい自然現象の発見であった。

深部低周波微動は、西南日本の下に沈み込むフィリピン海プレート境界面の深部（図3-8）で、

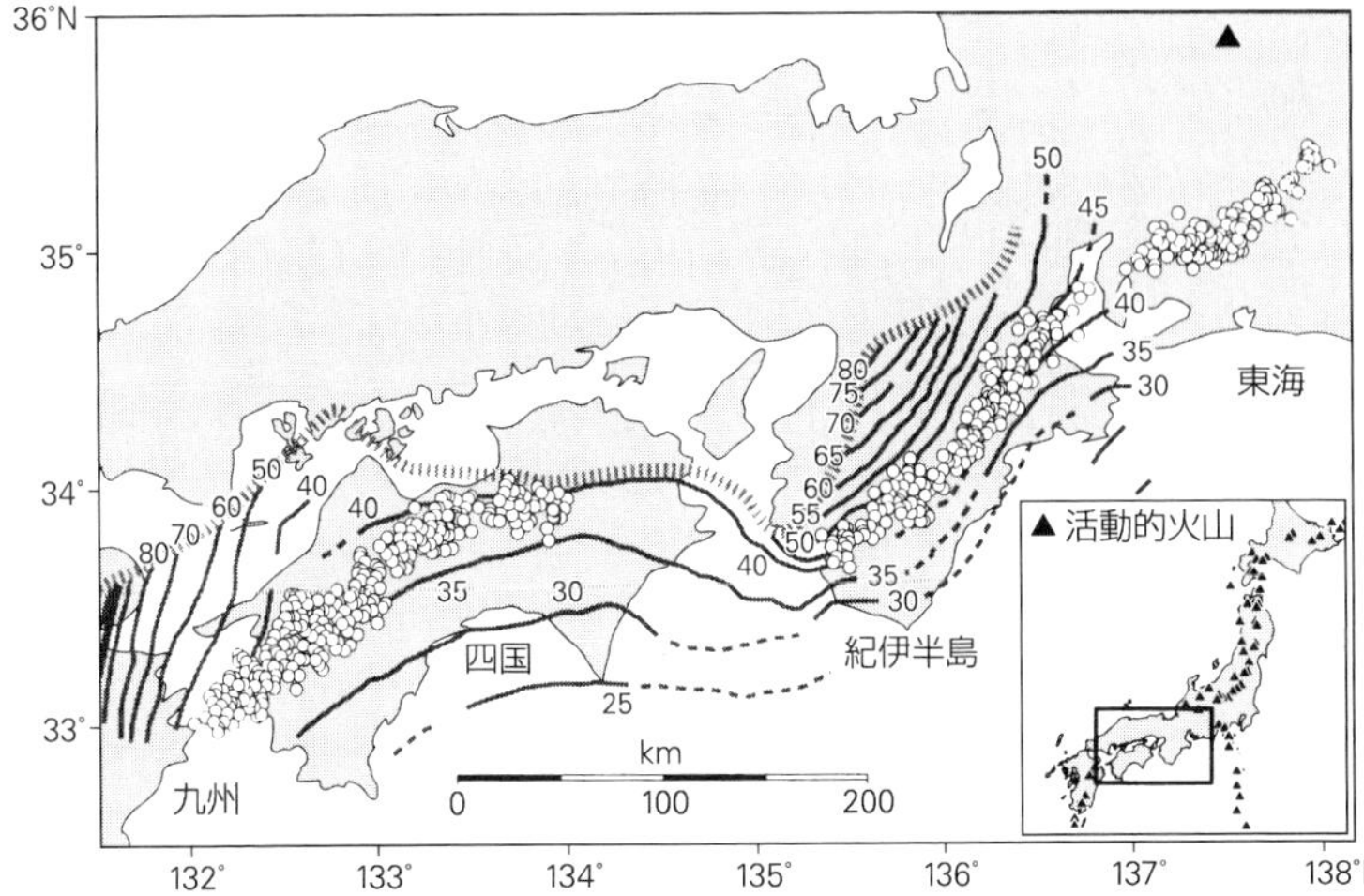

図 3-8　深部低周波微動（白丸）の震央分布図（Obara, 2002）
四国の西部から中部，紀伊半島，東海に帯状に広がる．等深線はプレート境界面の深さ（km）．

ほぼ一カ月に一度の割で群発する。さらに、小原一成のグループは、深部低周波微動が群発するときには、地震観測点の孔底に併設されている高感度加速度計による傾斜記録がわずかに変化していることに気がついた。このような地殻傾斜の変化を調べると、マグニチュード六に匹敵する歪エネルギーを解放する、継続時間が数日のゆっくりすべりが発生していたことがわかった。つまり、西南日本では、継続時間が数日、マグニチュード六程度のゆっくりすべりが、半年に一度程度の割合で繰り返していたのである。

この短期的ゆっくりすべりのすべり量は数センチメートル、発生間隔はほぼ半年であるが、南関東の短期的ゆっくりすべりのすべり量は数十センチメートル、発生間隔はほぼ六年と、すべりの大きさと発生間隔がかなり違っている。また、二〇〇六年一月には、紀伊半島の奈良・

三重県境の深部で、微動とゆっくりすべりが発生し、次第に北東の方向に移動して数十日間で終息するというできごともあった（図3-9）。

このように、地震、ゆっくりすべりなど、プレート境界面では実に多彩なすべりの現象があることがわかってきた。つまり、プレートは素早くすべったり（大きな地震波を生じ、人間はゆれとして感じる）、気がつかないほどの速さで人知れずゆっくりとすべったりしているわけだ。このようなことは、一〇年前には誰も思いもつかないことであった。

ゆっくりすべりや深部低周波微動などの研究の現状や、断層の摩擦法則による理解については、川崎一朗著『スロー地震とは何か』（NHKブックス、二〇〇六）に詳しい。

3―コンピュータの中で地震を起こす――シミュレーション

ここ一〇年の成果で忘れてはいけないのが、コンピュータシミュレーションによってプレート境界で発生する地震発生の特徴が再現されつつあることである。コンピュータシミュレーションができるための必要条件は、以下に詳しく述べるように、現象を記述する方程式が得られていることである。地震発生のシミュレーションでは、日本列島の地殻やマントルを弾性体や粘弾性体として扱っているのに加え、前述したようにプレート境界のすべりを支配する摩擦の方程式（摩擦法則）を与えている。

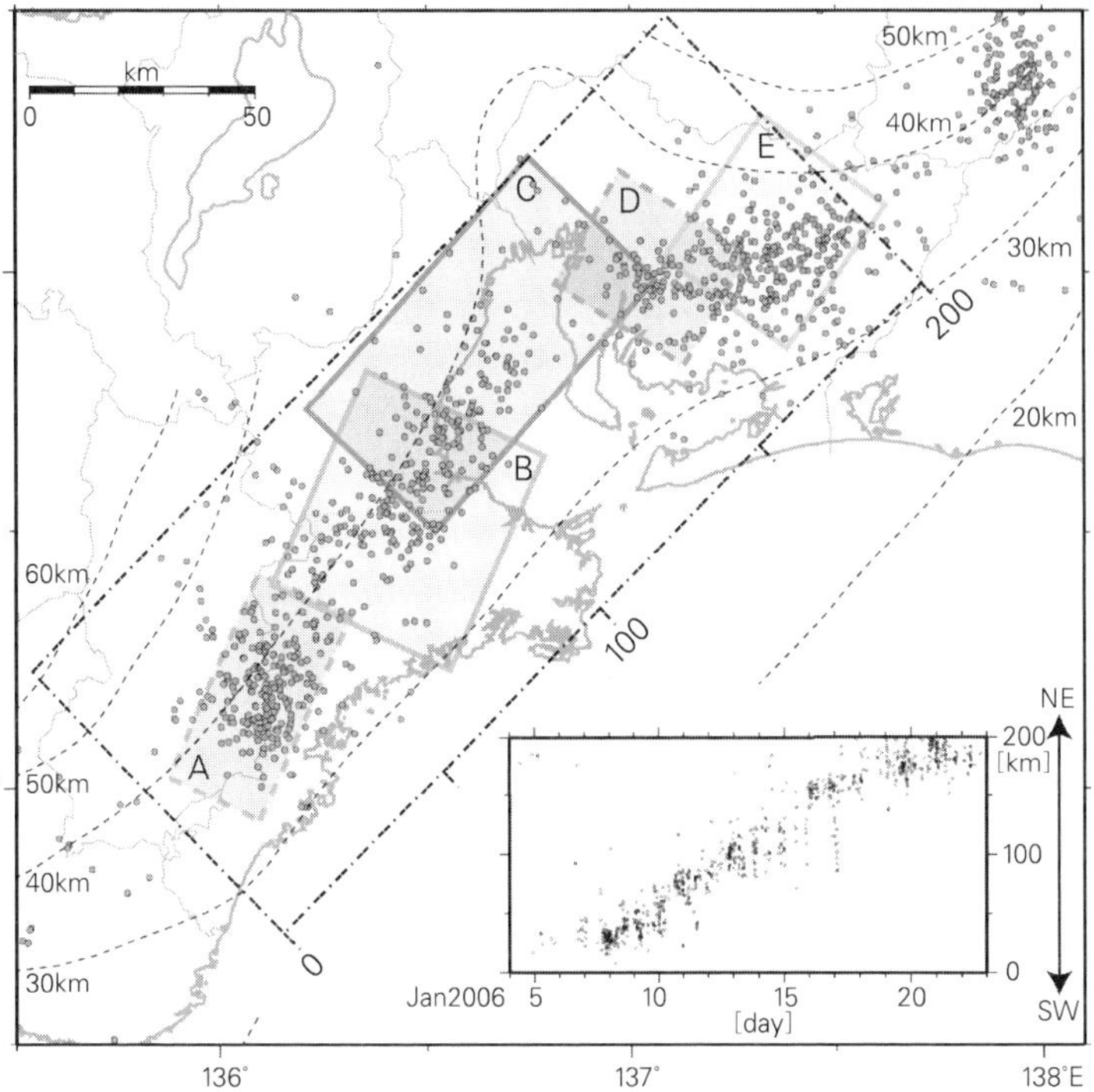

図3-9　2006年1月の東海地域における短期的なゆっくりすべりおよび深部低周波微動の連続的な移動（防災科学技術研究所ホームページより）
黒丸は微動源の震央位置，一点鎖線で示された領域内の低周波微動の時空間分布を右下に示す．A-Eの矩形がゆっくりすべりの起こった領域で，AからEに向かって約200 kmの距離を1日約10 kmの速度で連続的に北東方向へ移動していった．

この摩擦法則は、実験的に得られたものではあるが、理論的な裏付けもなされ、現実の岩石間のすべりをかなりよく表現している。日本列島の地殻の変形を表す方程式に加え、摩擦法則をプレート境界に適用すれば、コンピュータシミュレーションが可能となる。

「結果」に基づく予測から「原因」に基づく予測へ

「原因」に基づく地震発生予測への第一歩

先にも述べたように、地震の「原因」は地下の歪と考えられている。日々蓄積しつつある歪を解消するのが地震であるが、その歪がどのように蓄積して地震の原因となっているかについては、すべてが解明されたわけではない。プレート境界の地震については、プレートの沈み込みによってプレート境界近傍に歪が蓄積し、その歪がアスペリティに集中していくのが原因とされている。一方、内陸の活断層の地震については、どのように活断層周辺に歪が集中していくのか、その原因については未だはっきりしていない。

そういう状況の中でわれわれとしては、地震発生予測の可能性があるモデルに基づいて、地震の「原因」に関係する現象を観測から抽出するとともに、シミュレーションによって予測する研究が行われている。まだ実際に予測をする段階ではないが、地震の「原因」に基づいたシミュレーションが、この数年ほどの間に、計算機能力の向上とあいまって、過去の地震の「結果」と比較し得るレベルにまで達してきている。

プレート境界面の性質を決める摩擦法則

プレート境界で固着する場所とゆっくりとすべる場所が決まっていて、固着する場所で繰り返し地震が起こる、というのが、アスペリティモデルである。このモデルに基づいて地震の繰り返しのシミュレーションをする上で重要になるのは、境界面の固着の度合いやすべり方を決める「摩擦法則」である。今のところ実際のプレート境界についてどのような摩擦法則が成り立っているかはわかっていないため、便宜的に岩石の摩擦すべり実験から得られた摩擦法則を使っている。以下では、少ないパラメータでさまざまな固着・すべり状況を表現することができる「速度・状態依存摩擦法則」という法則を紹介する。ちなみに「速度」というのは境界面のすべる速度を指し、「状態」というのは境界面の摩擦の状態を意味している。

その代表的なパラメータが、摩擦係数のすべり速度依存性を表す $a-b$（エイマイナスビーと読む）というパラメータである。この $a-b$ の値が正の場合、もともとすべっていた速度よりも速くしようとすると、摩擦抵抗が大きくなってブレーキがかかる（図3-10b）。そのような摩擦の性質のところはすべりが高速になることができないので、地震を起こすことができず、ふだんからゆっくりとすべるか、地震の後でゆっくりしたすべり（余効すべり）を起こすことになる。

一方 $a-b$ の値が負の場合は、もともとすべっていた速度よりも速くしようとすると、摩擦抵抗が

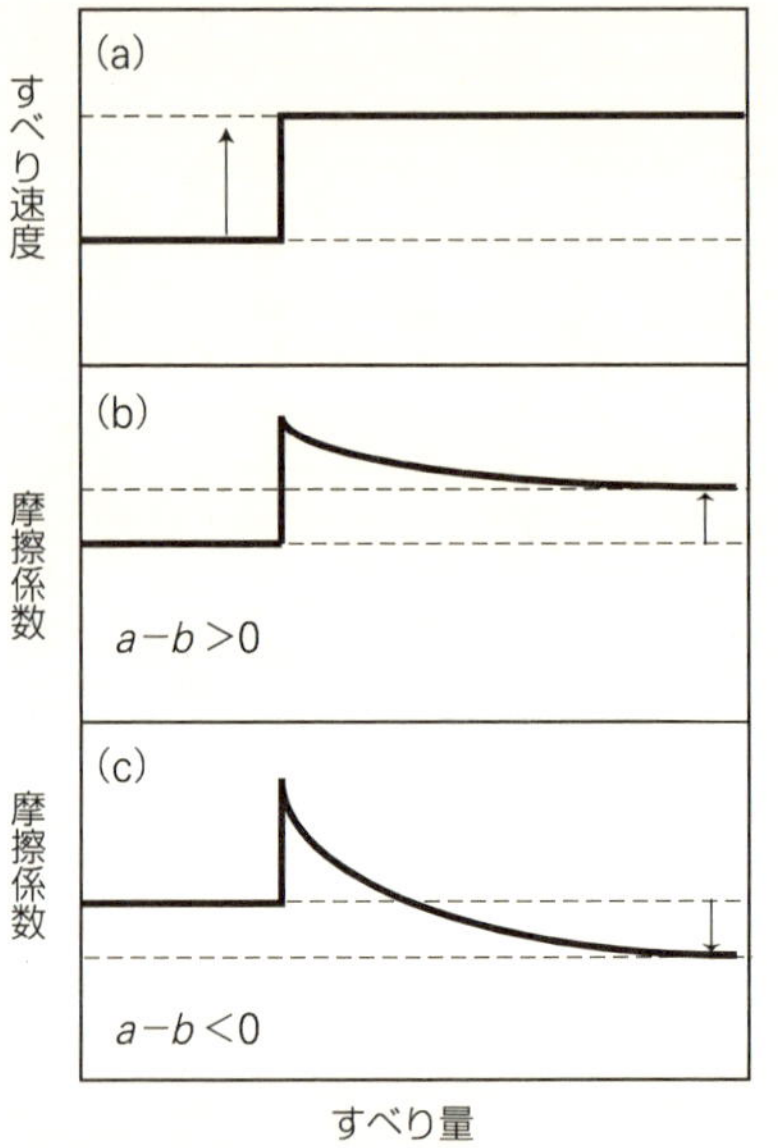

図 3-10　断層のすべり速度を変えたときの摩擦係数の変化の仕方
速度増加の直後に摩擦係数は大きくなるが，その後すべりながら一定のレベルまで小さくなる．$a-b$ が正の場合(b)は，速度を上げる前より後の方が摩擦係数が大きくなるが，負の場合(c)は逆に小さくなる．

小さくなる（図3-10c）ので、さらにすべりが加速することになる。つまり地震のような断層の高速すべりが起こる。逆に言えばすべり速度が遅くなると摩擦抵抗が大きくなってどんどん動きにくくなるわけで、最終的にすべりがほとんど止まる、つまり固着することになる。したがって、「固着—高速すべり（地震）—固着」を起こす場所であるアスペリティは$a-b$の値を負とし、それ以外のゆっくりすべり域は$a-b$の値を正とすれば、プレート境界での地震の繰り返しを表すことができる（図3-11）。

ゆっくりすべりも再現可能

この摩擦法則の優れた点は、地震の繰り返しを表現できるというだけに留まらず、この一〇年ほどの間に観測で明らかになってきた余効すべりをはじめとするゆっくりとしたすべりも再現できるとこ

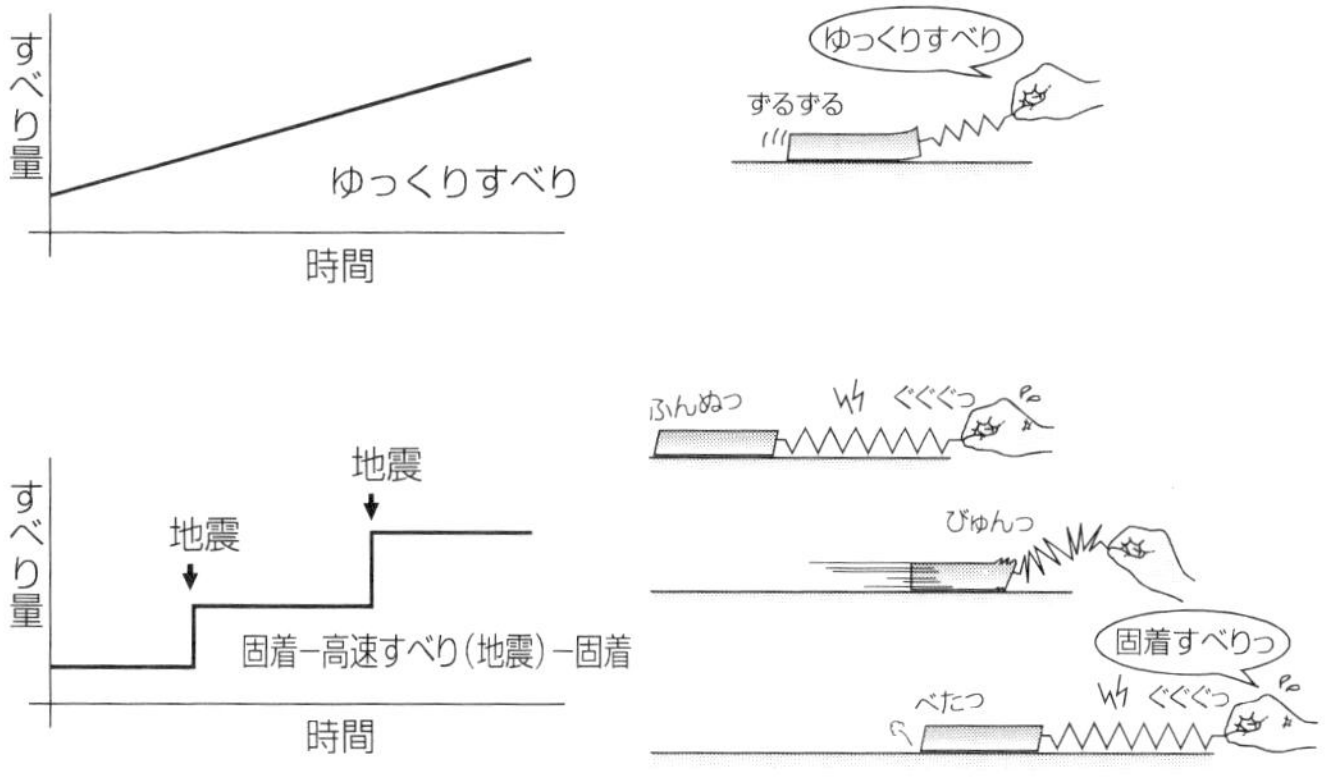

図3-11　摩擦パラメータの違いによるすべりの起こり方の違いの模式図（海洋研究開発機構坂口有人氏作図）

(a) $a-b$ の値が正の場合は定常的にゆっくりとすべる．(b) $a-b$ の値が負の場合はほとんどすべらない時間が続いた後，高速にすべる（地震に相当）．

ろにある。

図3-12のように二つのブロックがバネでつながった問題を考える。プレートの相対的な動きに対応するように、バネを介して一定速度（V_{pl}）でブロックをひっぱっている板を動かす。ここで一方のブロック（ブロックA）の底面（プレート境界面に相当する）は、「固着—高速すべり（地震）—固着」を起こす摩擦のパラメータを与え、もう一方のブロック（ブロックB）の底面の摩擦にさまざまなパラメータの値を仮定する。ブロックAが固着—高速すべり—固着を繰り返す間に、ブロックBがどのような振舞いをするかを見てみよう。

まずブロックBの底面の $a-b$ が正の場合、ブロックBは十勝沖地震直後から見られたような余効すべりによく似た振る舞いをする。ブロックBは加速しようとするとそれまでより抵抗力が大きくなるので、ブロックAがすべるときに一緒にはすべらず、少し遅れてゆっくりとしたすべりを起こすわけである（図3-13a）。

$a-b$が負の場合、ブロックBは「固着―すべり―固着」を起こすが、$a-b$以外のパラメータ次第で、すべる速さが変わる。つまり地震のような高速すべりの場合もあれば、前節で紹介したようなゆっくりしたすべりの場合もある。このようなすべり速度の違いには次の二つのパラメータが影響してくる。一つは臨界すべり距離Lといって、図3-10で摩擦抵抗がすべりながら小さくなるときに、どのくらいすべれば十分小さい摩擦になるかを意味するパラメータである。もう一つは図3-12のバネの強さKであり、これはある量（たとえば一m）のすべりによってバネが縮むことでブロックを引く力がどのくらい弱くなるかを意味するパラメータである。どちらもブロックがすべる量に関係していて、Lは摩擦抵抗の弱まり方、Kはブロックを引く力の弱まり方の程度を決めるパラメータである。

ブロックがある量すべったときにブロックを引く力はあまり弱くならない（Kが比較的小さい）のに摩擦抵抗が小さくなる（Lが比較的小さい）状況であれば、より加速して地震時のような高速なすべりが起こることになる。ブロックAはそのような条件に設定している。一方、Lが相対的に大きい状況では、図3-13bに示したように、最初はブロックAと同様に固着しているが、途中から非常にゆっくりではあるがすべりだして、徐々に加速し、ほぼ一定の速度（板を動かしているよりも少し遅い速度）でゆっくりとすべるようになる。そしてブロックAが高速すべりを起こすときには、つられて高速ですべる。

面白いのは、摩擦抵抗の弱まり方とブロックを引く力の弱まり方がほぼ同じくらいのときである。

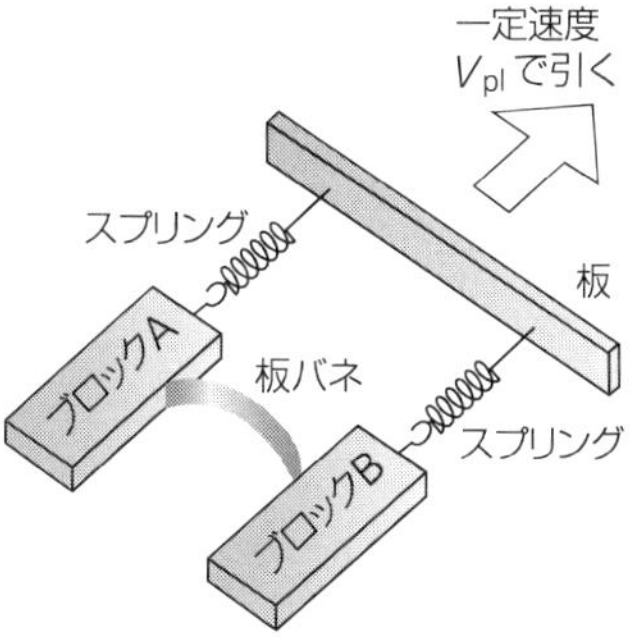

図 3-12　摩擦の性質が異なる 2 つのブロックを板バネでつなぎ，それぞれのブロックをバネで板につないでその板を一定速度（V_{pl}）で引く

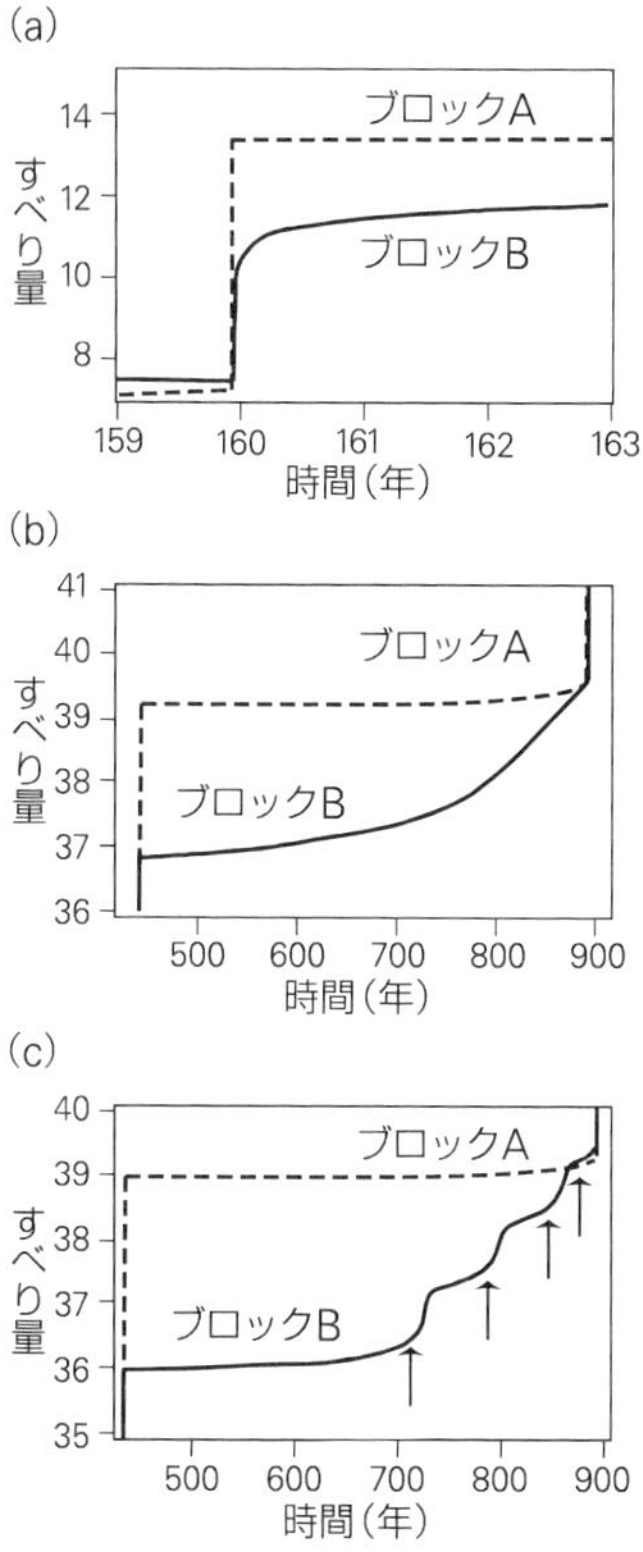

図 3-13　2 つのブロックのすべり量変化（Yoshida and Kato, 2003 を簡略化）
ブロック A が固着―高速すべり―固着をする間に，ブロック B はパラメータ値の違いによってさまざまなすべり方をする．(a) $a-b$ が正で余効すべりを起こす場合．(b) $a-b$ が負で L の値が大きい場合．(c)ゆっくりすべり（矢印）が起こる場合．

この場合は、図3-13cに示したように、途中まで固着するのはさきほどと同じであるが、その後のゆっくりすべりが、一定速度ではなくて、速くなったり遅くなったりを適当な間隔で繰り返すのである。速くなるといっても、地震のような高速すべりではなく、板を動かす速度（V_{pl}）よりも少し速い程度である。

地震発生サイクルのシミュレーション

もともと岩石実験から導かれた法則である速度・状態依存摩擦法則は、プレート境界の摩擦を表す完全な法則という保証はないが、前述のように地震の繰り返しだけでなく、プレート境界で最近見出されたさまざまなゆっくりすべりまで一つの法則で表すことができるという特徴がある。そのため、実際のプレート境界を対象とした地震発生サイクルのシミュレーションでも、この摩擦法則がよく使われている。

摩擦法則以外でシミュレーションに必要となる要素としては、地殻の硬さと、プレートが沈み込む速さがある。沈み込む速さは、近年GPSをはじめとした測量技術の進歩によって、ある程度わかるようになってきた。また地殻の硬さについては、断層のある部分が少しすべったときに断層の他の部分や他の断層をすべらそうとする力がどのくらい増えるかがわかればよい。しかし地下の構造はとても複雑で、断層のある部分がすべった場合に周囲の断層にかかる力を正確に計算することはかなり困難である。

したがって、ここで紹介するモデルではそれを非常に単純化して、地下が一様な弾性物質（力をかけると変形し、その力を取り除くともとと同じ形に戻る、ゴムのような性質の物質）でできていると仮定して、計算している。この場合弾性定数（ゴムの変形のしやすさ）が決まれば、ある断層がすべることによって別の断層にかかる力の増え具合は、断層同士が近ければ大きく、遠ければ小さいというように、断層の相対的位置関係だけでほぼ決まることになる。

こうして、摩擦法則・プレート速度・地殻の硬さがわかれば、断層の各部分について、断層をすべらせようとする力と摩擦抵抗とのかねあいで、断層の各部分がどのようなすべり速度で動くか（固着するか）を計算することができる。つまり地震の繰り返しのシミュレーションができることになる。

南海トラフ沿いの巨大地震の繰り返しの再現

いよいよ大規模な地震の繰り返しのシミュレーションについて、一例を紹介しよう。対象とする領域は図3-14で示す通り、約七〇〇km×三〇〇kmの広大な範囲にわたる。この地下に沈み込んでいるフィリピン海プレートと西日本を載せた内陸プレートとの境界が、東海・東南海・南海地震というマグニチュード八クラスの地震を繰り返し起こしている断層である。

この巨大な断層を約一km×一kmの小さなブロックに分けて計算をする。そうするとブロックの数は約一五万個で、その一つが一mすべったときに他のすべてのブロックにかかる力を計算することで地殻の硬さに相当するものを求めるので、その組み合せの個数は一五万の二乗となり約二二〇億個と膨大な数に及ぶ。一〇年前にはこのような計算は不可能であったが、近年の計算機能力の大幅な進歩によって、地球シミュレータのようなスーパーコンピュータを使えば（コラム⑧参照）、半日かからずに一〇〇〇年間程度の地震の繰り返しを計算することが可能になった。

さて、各ブロックについて前に説明した摩擦パラメータを設定するわけだが、その際に用いる科学的知見としては、プレート境界面に沿ったある深さの範囲だけが地震を起こす（$a-b$が負）ということ、紀伊半島沖や東海沖にはすべりにくい場所があるということ、地震の繰り返し間隔が平均すると約一二〇年であること等である。そうした知見に基づいて与えたパラメータの値の分布を図3-14に示す。

一方、GPSを使った地面の動きに基づいて推定されたプレートの沈み込み速度の分布は図3-15のようになり、紀伊半島から東に行くにつれて値が小さくなり、伊豆半島ではほぼゼロになる。これはフィリピン海プレートに載った伊豆半島が日本列島の下に沈み込まずに衝突していることに対応している。

このような条件のもとで各ブロックのすべる速度を逐次計算していくと、図3-16のようなすべり速度の変化のパターンが求められる。まず地震後数年経つと、ほぼ全体で固着している状態になる（図3-16a）。しかし、次第に固着しているところの深い側や浅い側から固着がはがれだす。紀伊半島の東で最初にすべり速度が加速し始め、ゆっくりしたすべりから高速すべりにいたり、東南海地震

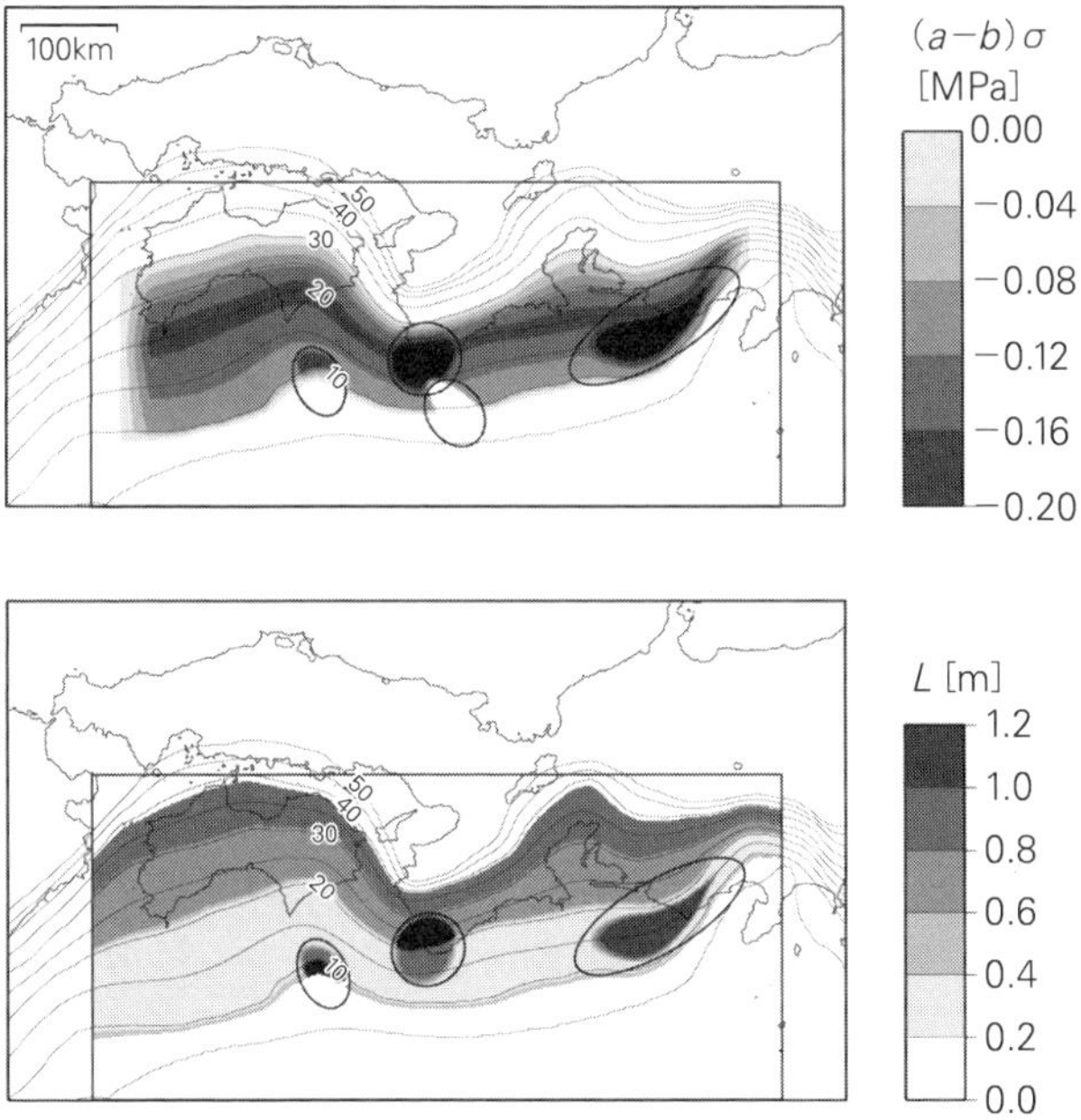

図 3-14　プレート境界面上に仮定した摩擦パラメータの分布（Kodaira *et al.*, 2006）

上図は（$a-b$）σ の分布で，σ はプレート境界面にはたらく法線応力．下図は L の分布．コンターはプレート境界面の深さを表している．丸で囲んだ場所は海山の沈み込み等の不均質な地下の構造に対応させたもの．

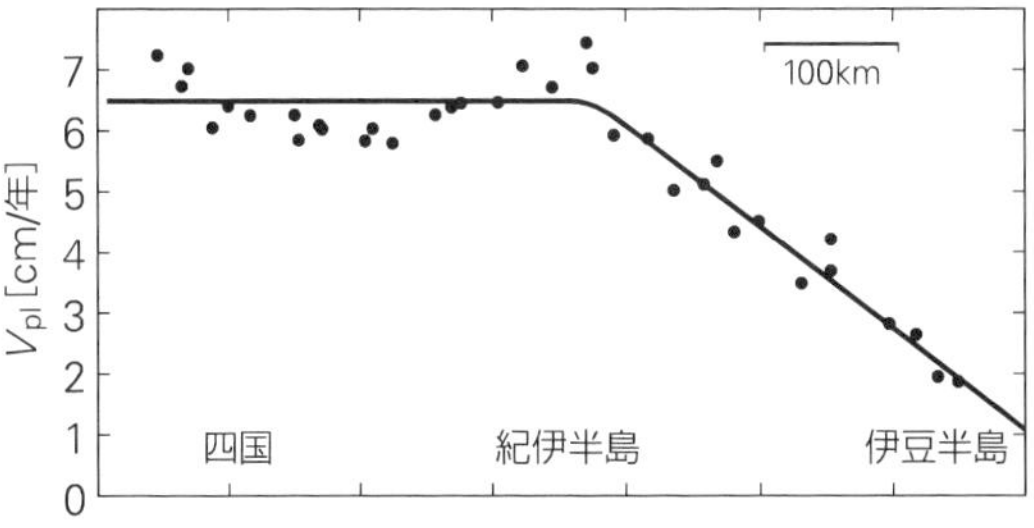

図 3-15　仮定したプレートの沈み込み速度の分布（実線）

点は GPS データの解析から求められた沈み込み速度の分布．

が始まる（図3-16b）。この時紀伊半島下に壊れにくい場所があるために、高速すべりは西に広がることができず、東にだけ広がる（図3-16c）。図の場合には東海地震の震源域にも高速すべりは広がらない。その後、余効すべりが東南海地震の震源域の周りに広がり、西側に広がったすべりがやがて加速して南海地震が始まる（図3-16d）。高速すべりは今度は西側にだけ広がって終わり（図3-16e）、その後徐々に固着が回復していく（図3-16f）。

高速すべり（地震）がどこから始まってどのように広がるかは、パラメータの値やプレートの沈み込む速さの分布によって変わるが、パラメータ次第で一九四四年東南海地震および一九四六年南海地震の場合とよく似た地震の起こり方が再現できる。シミュレーションの中では、このような地震が少しずつ発生間隔や規模を変えながら繰り返す。その繰り返しのパターンを図3-17に示した。図3-16の場合は図3-17bに対応している。この場合は東南海地震と南海地震の間が二六日だが、その間隔が非常に短くてほぼ同時の場合もあれば、長いときは約一〇〇日の場合もある。また地震の繰り返し間隔は九五年から一一一年の間で変化し、規模（マグニチュード）も八・一から八・七まで変化する。

この変化のパターンを歴史地震と比較してみる（図3-18）。まず東南海と南海の間隔に注目すると、一七〇七年には連動、一八五四年には一日半、一九四四年東南海・一九四六年南海は二年間とだんだん間隔が長くなっていく。シミュレーションでも値は違うものの、連動の次は七日、その次は九七日と間隔が長くなる。次に繰り返し間隔を見ると、歴史地震では一四七年から九〇年と短くなるのに対して、シミュレーションでは一〇九年から一〇三年と変化の幅は小さいが、同じように短くなる。マ

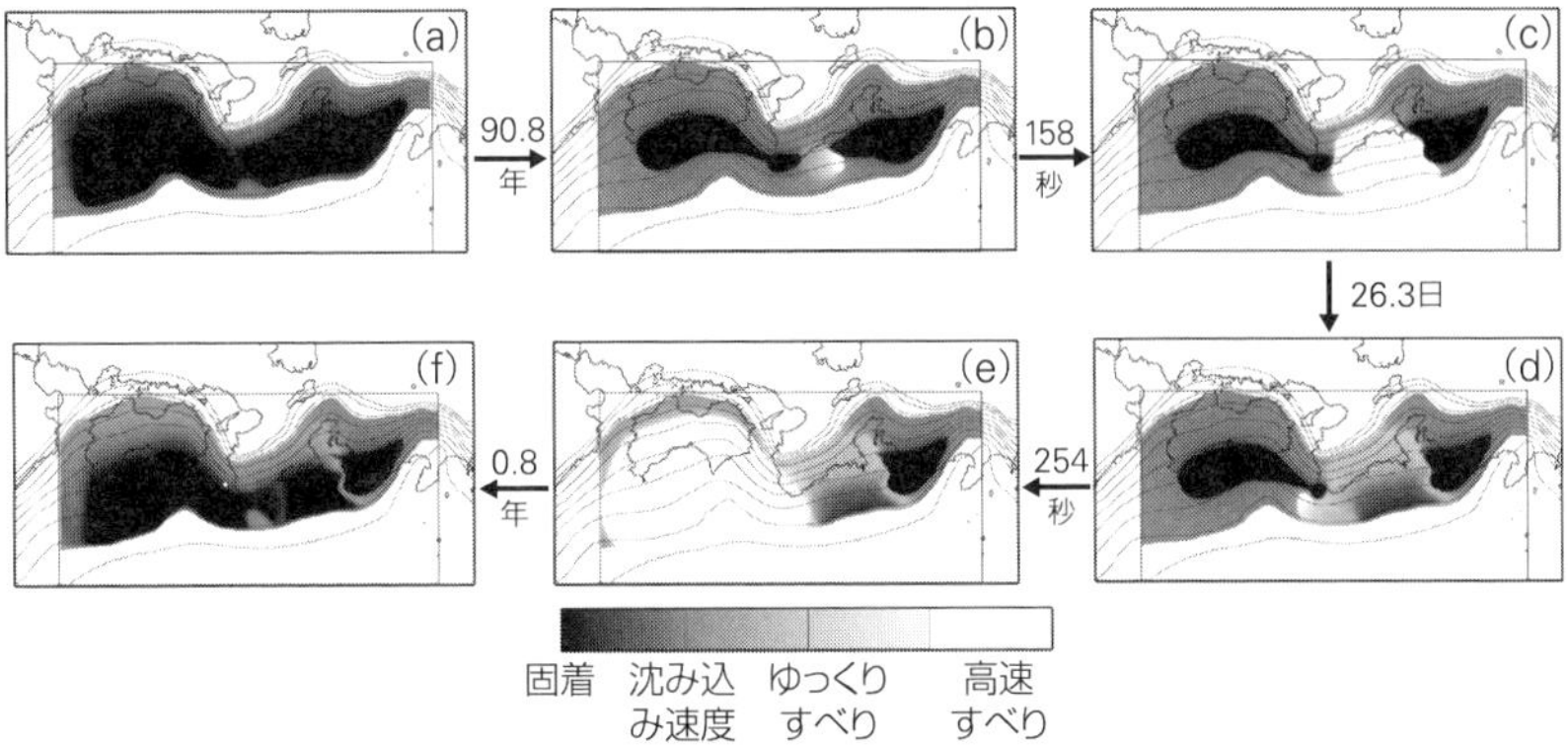

図 3-16　シミュレーションの結果得られたプレート境界でのすべり速度の変化の例（Hori, 2006）

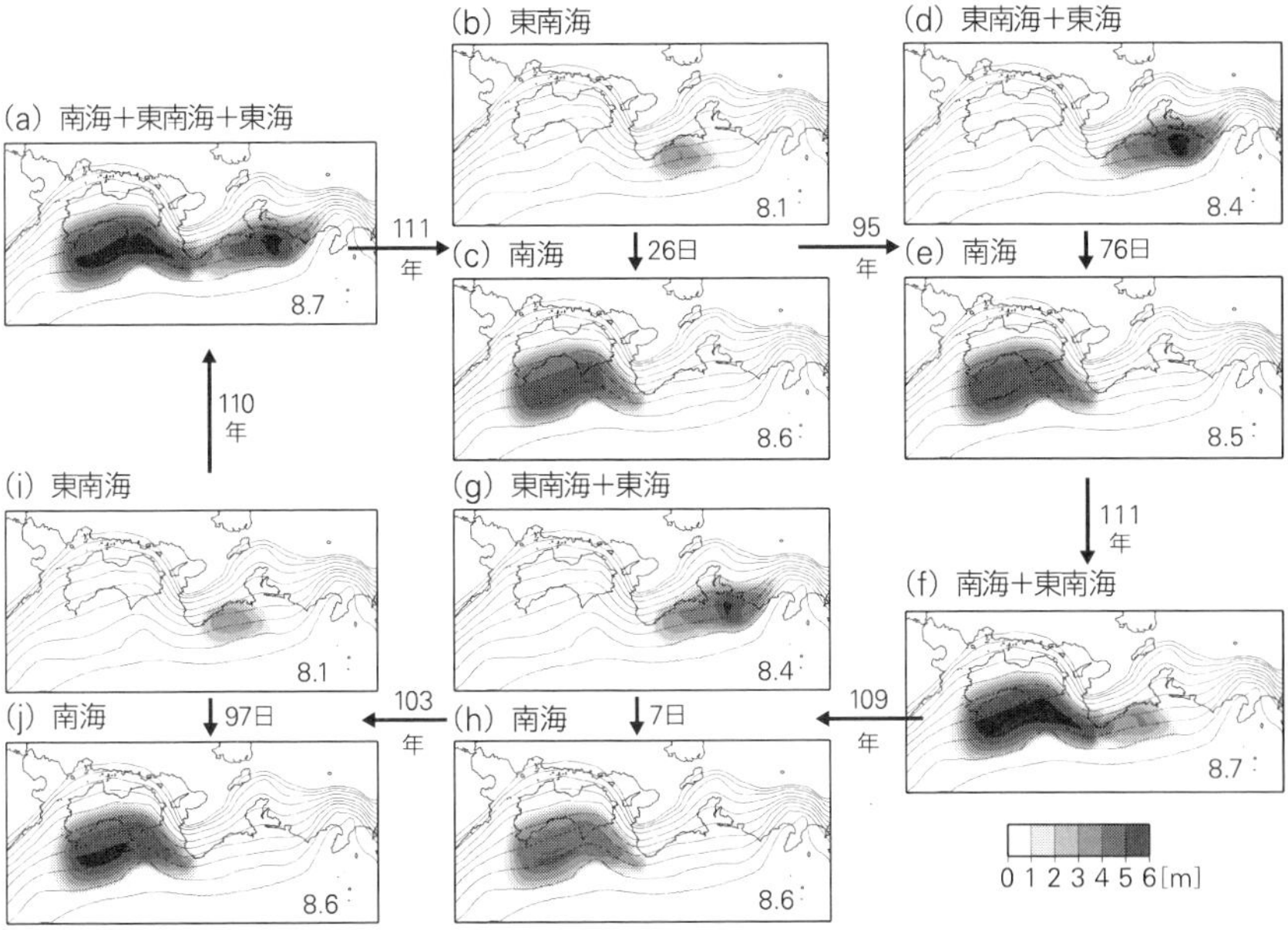

図 3-17　シミュレーションの結果得られた地震時のプレート境界でのすべり量の分布（Hori, 2006）

矢印につけた期間は地震と地震の発生間隔．枠内の数値はマグニチュード．ここに示したパターンをシミュレーションでは繰り返す．

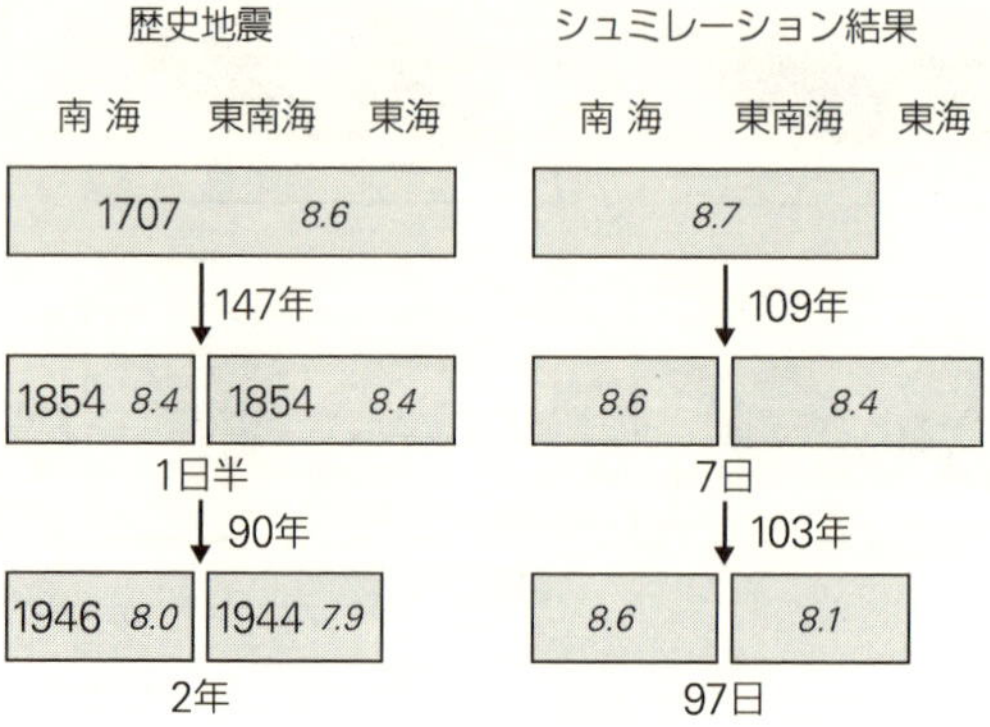

図 3-18　シミュレーション結果と歴史地震との比較
再来間隔，東南海地震と南海地震の発生間隔，マグニチュードの変化のパターンが類似している．

グニチュードはそれほど明瞭ではないが、連動の時に大きく、その後規模が小さくなる。このようにシミュレーションによって過去に発生した地震の特徴がある程度再現できている。

繰り返し間隔等の変化のパターンが再現できたことの意味

以上のように、アスペリティモデルという地震の「原因」についての一つのモデルに基づいたシミュレーションの「結果」が、地震のときに高速すべりがどこから始まってどのように広がっていくかといったことや、地震の発生間隔や規模の変化といった実際の地震に見られる「結果」と似たパターンになり得ることが示せた。このことは、地震の規模や発生間隔がまったくでたらめに変化するのではなく、図3-16で示したような地震と地震の間のゆっくりしたすべりの起こり方をはじめとする各ブロックでのすべり方や、そのすべりによって別のブロックが受ける力の変化、摩擦抵抗の変化等によって、必然的に変化していることを示唆している。ただし、前述の結果はパラメータ等を試行錯誤して求めた結果の一つであって、そのまま予測に使えるわけではない。シミュレーションのパラメータ

コラム⑧●パソコンと地球シミュレータ

コンピュータや通信ネットワークの高度化にはすさまじいものがある。たとえば、二〇年くらい前にはハードディスクの容量が一メガバイトあたり一万円と言われていた。つまり四〇メガバイトのハードディスクを買うには四〇万円必要だったわけである。最近はもうギガだかテラだか知らないが、想像を絶する容量の世界で、私にはもう自分のノートパソコンにどれだけの文章を蓄えることができるかわからない。演算速度の進歩もすさまじい。かつては、大学の大型計算機でしかできなかった計算が、今はいとも簡単にノートパソコンレベルでもできてしまう。

このようなコンピュータの高度化によって地球の諸現象をコンピュータ上で再現することが可能となってきた。海洋研究開発機構にある地球シミュレータは、八ギガフロップス（一秒間に八〇億回の浮動小数点演算を行う能力）のベクトル型計算プロセッサ八個と一六ギガバイトの共有メモリからなる計算機六四〇台を高速なネットワークで結合させた、非常に大規模な計算機である。これだけでも頭が痛くなるくらいすごそうな仕様である。ちなみに、ピーク性能は四〇テラフロップス（一秒間に四〇兆回の浮動小数点演算を行う能力）、全体のメモリ容量は一〇テラバイトであり、平成一四年に運用が開始された時から二年半にもわたって世界最速の計算機と認定されていた。この地球シミュレータは、地震予知研究だけでなく、地球環境変化の予測や地球内部のコアやマントルの対流など、多くの分野で利用されている。こうした大気海洋や地震等の複雑な問題について計算する際の実質的な性能の高さは、運用開始から五年経った現在でも世界のトップクラスである。

以前なら、「原理は作ったが、実際に計算するには何百年かかかる」と論文の結論でいっておけばよかったが、最近では下手をすると自宅のパソコンでも計算ができてしまう。恐ろしい世の中になったものだ。

写真　地球シミュレータ（海洋研究開発機構地球シミュレータセンター提供）
スパコンがずらりと並ぶ.

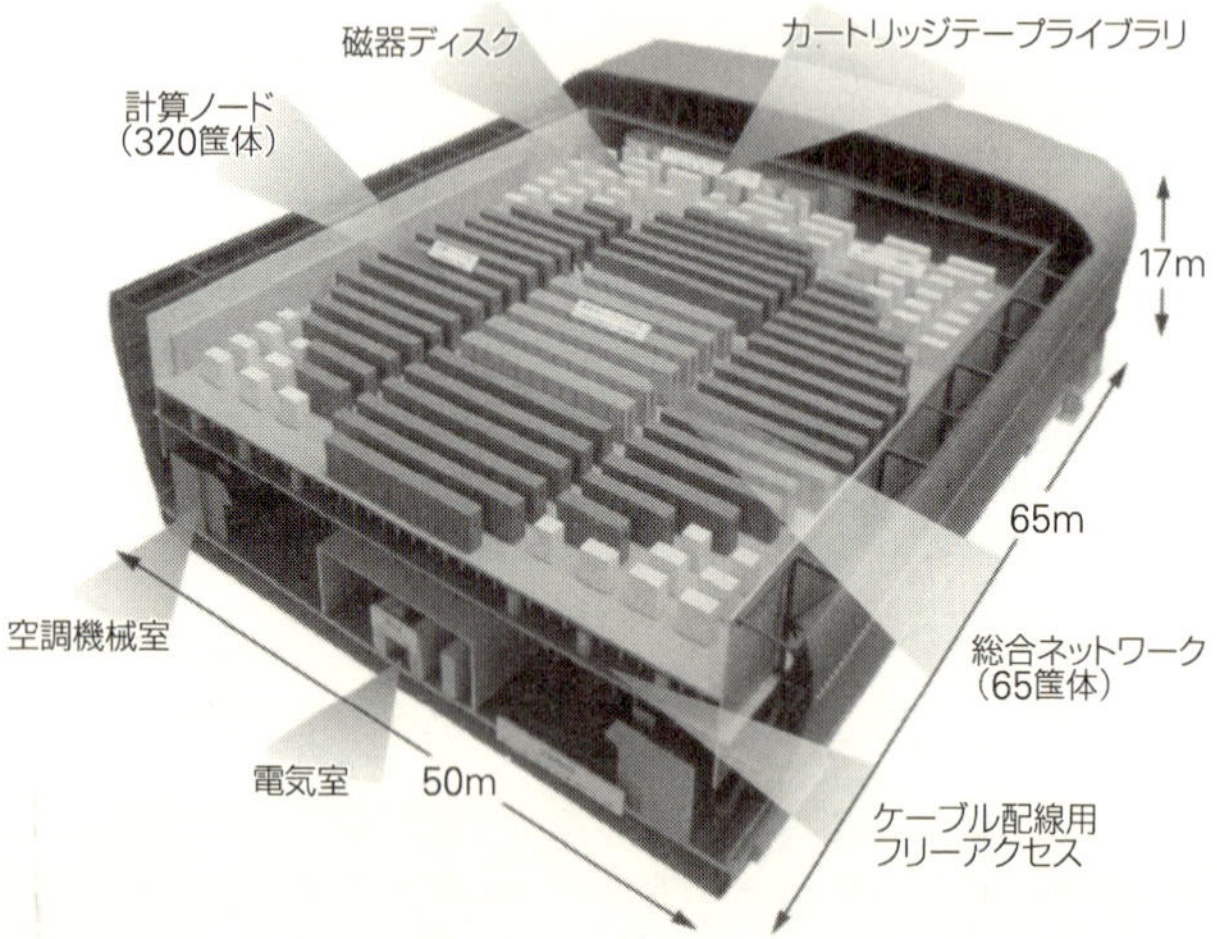

図　地球シミュレータの全体像（海洋研究開発機構地球シミュレータセンター提供）

等を、ゆっくりすべりをはじめとした地震の「原因」に関係した観測データを再現するように与えることができて初めて、シミュレーションの「結果」としての地震発生時期や規模の予測（＝中期予知）が実現することになる。

4—研究の進歩を支えた種々の観測網

観測研究網のインフラの整備

このように本章では、地震予知研究においてこの一〇年で明らかになってきたことを述べた。この一〇年の地震予知研究の飛躍的な進歩を支えたのは、実は、観測研究のインフラの飛躍的な進歩であった。

この一〇年におけるインフラの進展として特記すべきこととして、

・全国を一様におおう高密度な観測網が新たに整備され、かつデータが公開されたこと
・観測やシミュレーションに用いるコンピュータや通信技術が飛躍的に高度化したこと

が挙げられる。

全国観測網とデータ公開

観測網の整備は、一九九五年阪神・淡路大震災（兵庫県南部地震）がターニングポイントになった。それまでの地震観測技術は、気象庁、国土地理院、大学などの個別の組織、機関でそれぞれ開発が試みられてきていた。例を挙げれば、地震計の波形を記録するデータフォーマットすら統一されていなかった。別の見方をすれば、各々の組織が目的や興味に応じた観測を行ってきたとも言えよう。全国で、統一された仕様で、リアルタイムかつ連続に、密に設置された観測網を用いて地震現象の解析が行われるようになったのは、実は一九九〇年代中ごろ以降からである。

まず、地震観測については、大学・気象庁などの既設の地震観測網以外に、防災科学技術研究所が日本全国にHi-net（高感度地震観測網約八〇〇地点）やK-NET（強震観測網約一〇〇〇地点）などの地震観測網を構築した（図3-19）。たとえばHi-netを例に取ると、おおよそ二〇㎞メッシュを基本として全国に観測点を配置することになった。この観測網密度は世界でも類を見ないものである。気象庁では、Hi-net、大学の微小地震観測網、気象庁のデータを一元的に処理して高精度震源決定を行っており、現在、年間の震源決定数は一三万個以上にもなる。この結果、プレートの形状や地下の構造、地震活動度、震源の移動等、非常に多くのことがわかってきた。本章2節で述べた深部低周波微動の発見もその一例である。

一方、地殻変動観測については、国土地理院が地殻変動の観測網として、ＧＥＯＮＥＴを整備した（図3-20）。ＧＥＯＮＥＴは、ＧＰＳ（汎地球測位システム）衛星からの電波を受信して、地球上の自

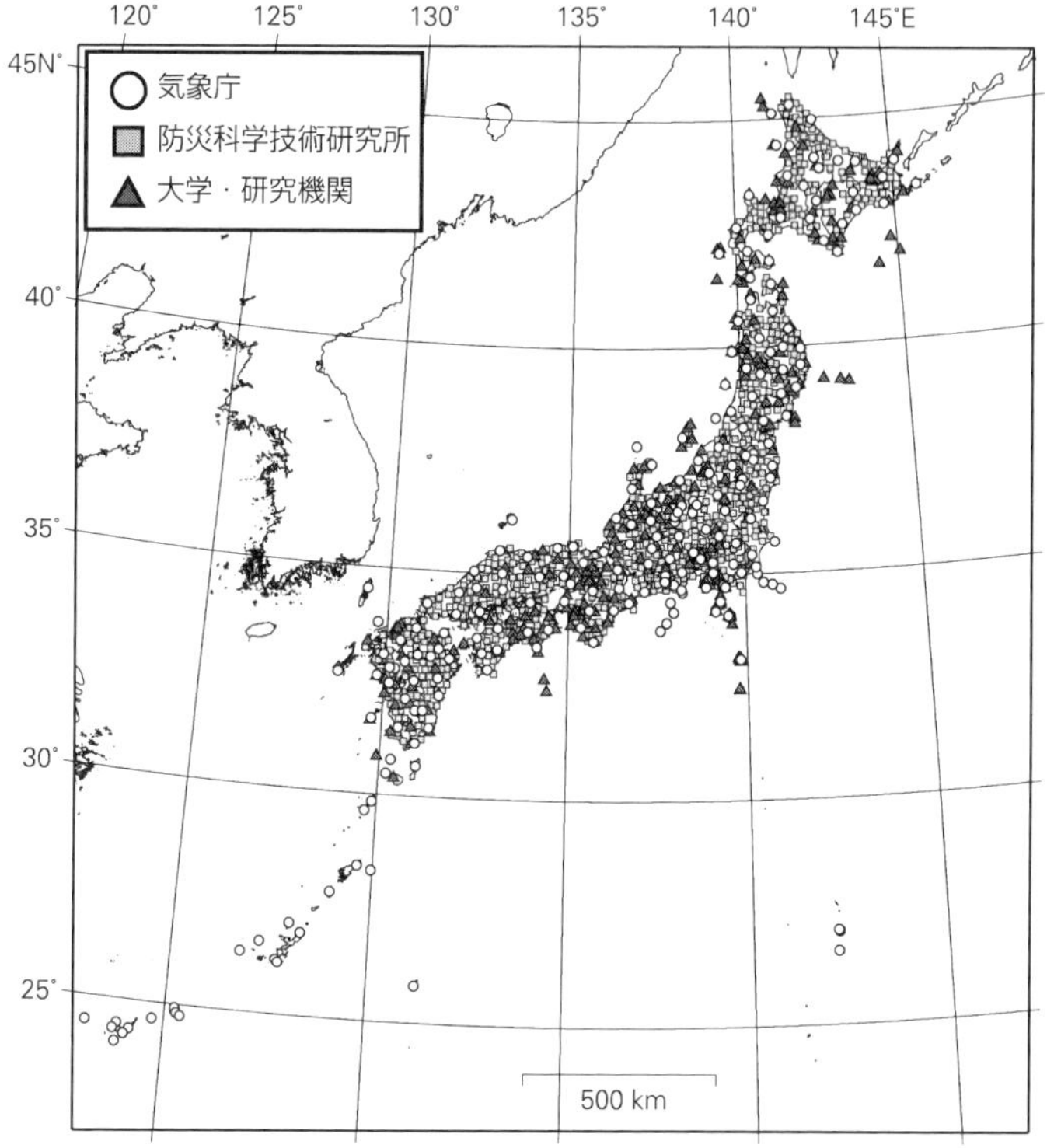

図 3-19　日本の地震観測網

震源決定に用いている地震計だけでも 1000 地点を越える.

分の位置を正確に知ることができるシステムを利用している。GPSは、いまや車や携帯電話にもふつうに搭載されるようになったが、GEONETに用いられているGPSは測量用の高精度なアンテナと受信機が使われており、精密な解析によって数ミリメートル程度の微小な地殻変動も検出できる。

従来、地殻変動の測定には三角・三辺測量あるいは水準測量といった測地測量が行われてきた。

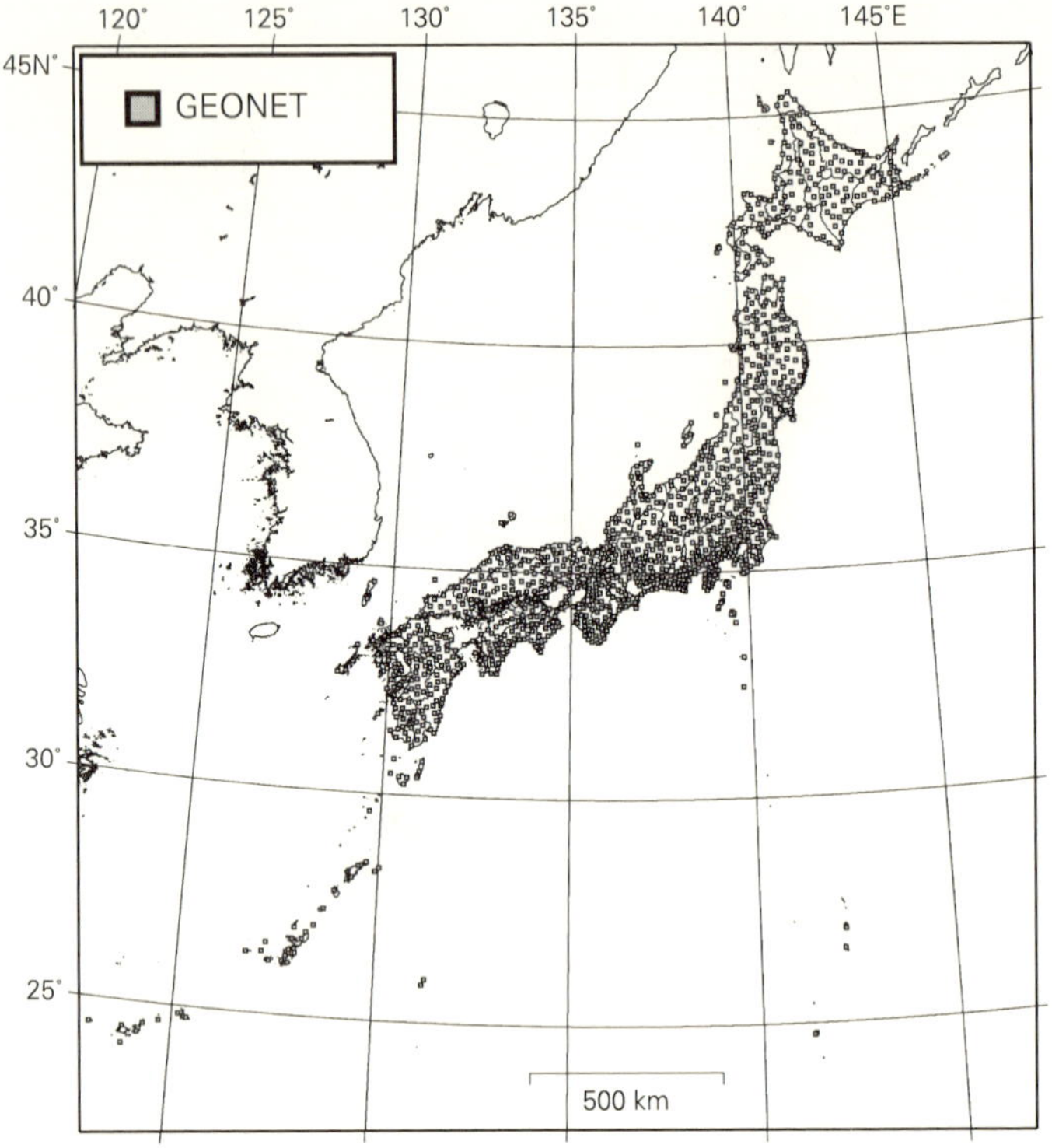

図 3-20　国土地理院の GPS 地殻変動観測網（GEONET，約 1200 点）

これらの測量の実施には、山の頂上などにある三角点まで重い測量機材を運んで専門的な技術を持った人間が測定しなければならなかったため、大変な労力と時間、そして費用がかかったのである。

GEONETが整備されたことにより、従来の測量に比べて高精度であるだけでなく、二四時間連続で地殻変動が観測できることとなった。従来では、何か異常な地殻変動が発生したとしても、次の測量が行われる数年あるいは一〇年以上先までその地殻変動の発生を知ることは難しかったし、その変動が数時間で起こった現象なのか、あるいは数日間かかって発生したのかを知ることは不可能であった。しかしGEONETでは、最小一秒の時間分解能で時々刻々と地殻変動を観測することができる。その結果、日本列島周辺のプレート運動などに伴う定常的な地殻の変形が観測できるようになったり、断層でどのように歪が蓄積され、地震やゆっくりすべりによってどのようにそれが解放されるかのモニタリングが可能になったりしてきている。

いまや研究者は自由に、これらの高品質のデータを用いた研究ができるのである。今でこそ研究者はさまざまなデータを「あって当然」のように使っているが、一〇年前はまずはデータの取得をするところから研究を始めなければならなかったのである。

コンピュータ環境の進歩

地球シミュレータに関してはすでに述べたが、そればかりでなく、コンピュータと通信ネットワークの進歩によって、リアルタイムで大量に取得されるデータを、研究者が迅速に取得することができるようになった。そのデータを非常に短い時間で処理をして、それぞれのホームページで公表することが、ごく普通に行われるようになった。たとえば、大きな地震が発生すると、震源分布や地震による地殻変動が気象庁、防災科学技術研究所や国土地理院のホームページに公開される［注］。それらのデータを用いて、波形解析を得意とする研究者が、発生した地震の断層の広がりとそのずれの大きさを即座にホームページで公開する。さらに、それらの解析を基にして現地調査をした研究者が調査結果を発表する、というような調査・研究の流れができあがった。このような観測と解析によって、先に述べたような新しい現象が次々に発見されてきたのである。

5―プレート境界型地震の中期予知の実現に向けて

本章では、ここ一〇年の進歩について解説してきた。これらの進歩がどのようにプレート境界型地震の中期予知につながっていくのだろうか。

シミュレーションと観測の融合

地震の中期予知に向けてわれわれが実現しなければならないことは、地震の「原因」となる、ふだんのプレート境界でのゆっくりとしたすべりや固着の状態を、コンピュータシミュレーションによってできるだけ正確に再現することである。そして実際の観測データと照らし合わせて、シミュレーシ

［注］ 気象庁 http://www.jma.go.jp/jp/quake/、防災科学技術研究所 http://www.hinet.bosai.go.jp/、国土地理院 http://mekira.gsi.go.jp/

ョンモデルの改良を進めることである。いわばシミュレーションと観測の融合と呼んでもよいだろう。そのためには、まずプレート境界のどこが固着しているのか、いつどこでどのくらいゆっくりすべっているのかということが、観測データから示される必要がある。一〇年前にはそんなことは不可能であったが、これまで述べてきた通り、地震計、傾斜計、歪計やGPS等によって地面のゆっくりした動きを連続して高精度で測定できるようになったために、陸からそれほど離れていない場所については、プレート境界面での固着・すべり状態を捉えることができるようになった。

こうなったら次は、観測データからわかる固着・すべり状態をシミュレーションで再現できるように、パラメータを調節したりモデルを改良したりすることが必要である。ここで重要なのは、想定する次の大地震が起こるまでに時々刻々得られるデータに基づいて、大地震の準備過程であるプレート境界での固着・すべりの予測精度を評価しながら、モデルを随時更新できることである。つまり、その時点までに得られているプレート境界での固着やすべりを再現できるようなコンピュータシミュレーションを行い、その後の固着やすべりの変化を予測する。シミュレーションであるから、計算を進めることによって将来の変化を予測することができる。その予測結果と実際の観測データを比較して、予測誤差を改善できるようにシミュレーションのモデルやパラメータを修正する（図3-21）。

予測誤差は、最初は長期評価と変わらない程度か、それより悪いかもしれない。しかし、予測した地震が起こる前から誤差を小さくするためにどのようなデータが必要かわかったり、モデルを改良することで精度向上がはかれる点は、長期予知とは本質的に異なる。

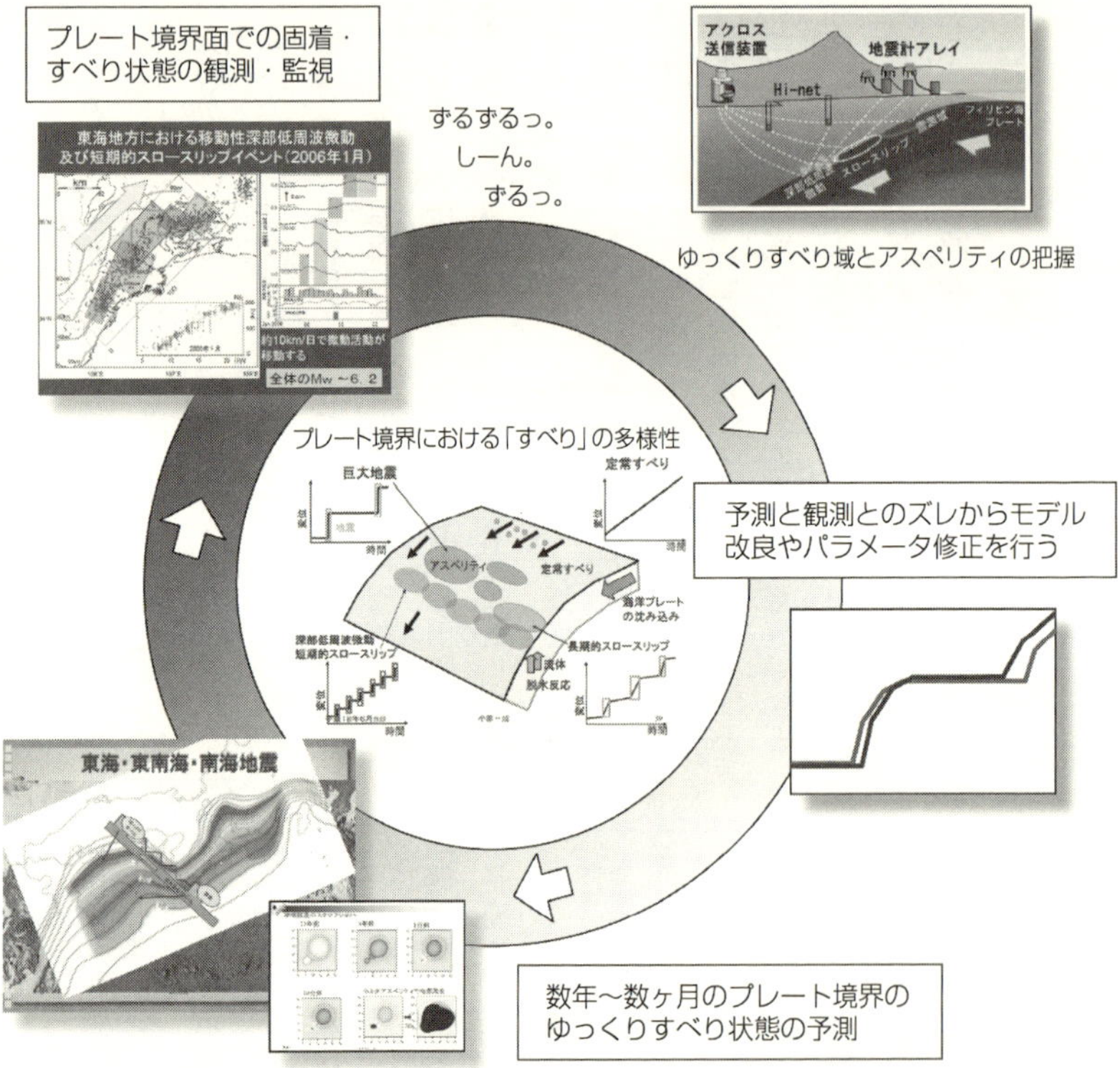
計算機によるプレート境界状態のモデル作成とコンピュータシミュレーション

図 3-21　シミュレーションと観測の融合
リアルタイムの観測とシミュレーションがフィードバックしながら予測が進んでいく.

直前予知に向けて

ここまで地震の「原因」についてのシミュレーションの精度を上げれば、「結果」としての大地震発生の予測精度も上がると暗黙のうちに仮定して話をしてきたが、中期予知と直前予知の間には、乗り越えるべき大きなハードルがある。それは天気予報で言えば、気圧配置や水蒸気量の分布が正確に予測できても、ある場所での雨の降り始めを正確に予測するのが難しいように、断層への力のかかり具合や、摩擦の状態が正確に予測できても、地震の破壊の始まりの時刻の予測は非常に難しい問題だということである。大地震の「原因」となる断層を動かそうとする力がある程度蓄積されたとして、その後どういう「きっかけ」で動き始めるのかとなると、本章で紹介した地震発生サイクルのモデルには含まれていないさまざまな要因が関係してくる。

断層が動き始めるのは、断層を動かそうとする力が、断層面に働く摩擦抵抗を超えた場合である。ここで紹介しているモデルでは断層を動かそうとする力はプレート境界の固着・すべり状態だけで決まっている。どこかでそれが加速して地震になるため、固着・すべり状態さえ正確にわかっていれば、破壊開始を予測できることになる。しかし、実際には、モデルに考慮されていない小規模な地震やプレート境界以外での地震によっても、断層を動かす力は増える可能性があるし、潮汐などがきっかけになる可能性もある。一方で摩擦抵抗が何らかの原因で低下することもあり得る。たとえば水等の流体が断層に入ってくれれば、抵抗が減って断層がすべりやすくなる。

このように、地震発生の直前における定量的な予測には、現在のシミュレーション技術の延長だけでは解決できない問題が多い。しかし、少なくとも観測とシミュレーションを基にした中期予知によって、地震発生予測精度の向上が将来見込める。中期予知によって地震発生が切迫していることがわかれば、その断層の固着状態を集中的に観測することによって、定量的な直前予知にもつながるであろう。

4―地震を予知することの今

1―東海地域で何が行われているのか

前章では、観測とシミュレーションによって地震発生が切迫していることがわかった場所で直前予知に向けた観測を行う必要があると述べた。

駿河湾付近を震源とする「東海地震」については、現在まだ中期予知が実現していないにもかかわらず、すでに直前予知を目指した集中的な観測と監視が行われている。プレート境界面にある断層が、地震発生に向けていよいよ動き出した際に現れる現象を、いち早く捉えることを目指した観測である。なぜこのような監視体制がとられているのか、歴史的経緯から説明する必要がある。

東海地震説とは何か

日本で発生する地震の中で「東海地震」は特別な地震である。というのは、発生する前から命名されている地震だからである。一九七六年、東海地震と東南海・南海地震の発生間隔を研究していた石橋克彦（当時東京大学理学部助手）は、東海地方に被害を及ぼすと考えられているプレート境界型地震の震源域について、従来考えられていた遠州灘よりも、陸に近い駿河湾周辺も含まれるのではないかという説を提示した（図4-1）。これは、本書で述べている長期予知という範疇の仮説である。

この地域では海溝型の地震が繰り返し発生している。彼が、駿河湾周辺が来るべき地震の震源域であるとした根拠は、一つ前の一八五四年の安政東海地震では駿河湾も震源域に含まれていたにもかかわらず、一九四四年の東南海地震の際には、駿河湾は震源域にならなかった、つまり、駿河湾周辺は断層がずれ残っているという解析結果からである。また東海・東南海地震の発生間隔はおおよそ一〇〇年から一五〇年と考えられており、前回の安政東海地震から一〇〇年以上経過している駿河湾では、次回の地震の発生が切迫していると彼は主張した。

この仮説は地震学会や地震予知連絡会で発表された。長期予知であるがゆえに、発生時期までは明らかに示すことは不可能だったが、「明日起きても不思議ではない」というフレーズとともに「東海地震説」としてセンセーションを巻き起こした。学説の発表以来三〇年が経過した現在、まだ東海地震は発生していない。当初発表された東海地震説には、今から見ると不十分な点があることは明らか

130—1

1of5pp

東海地方に予想される大地震の再検討——駿河湾大地震について——

石 橋 克 彦 (東京大学理学部)

要旨 ●「観測強化地域」の東海地方にプレート境界の大地震が起こるとすれば，場所は，従来言われている「遠州灘」よりも「御前崎沖～駿河湾奥」の方が可能性が高い．主な根拠は，①駿河湾西岸一帯に第四紀地震性地殻変動が発達しており駿河トラフは湾奥までプレート境界断層として地震発生能力を持っていると考えられる②1854年安政東海地震では熊野灘～駿河湾奥でreboundが生じた③しかるに1944年東南海地震でreboundしたのは熊野灘～浜名湖であって御前崎沖～駿河湾奥が残っている④駿河湾西岸一帯の明治以来の地殻変動は駿河湾大地震の準備(駿河トラフスラストを介した歪蓄積)と考えるのが最も理解しやすい．規模は，予想震源域の拡がりから，M7.5～8強と予測される．発生時期は現状では予測困難．もしかすると2,30年後かもしれないが，数年以内に起こっても不思議ではない．主な理由は，①安政地震以来既に122年経過した②地殻歪が限界に近いと推定される．●他に指摘すべき事柄として，①駿河湾～御前崎沖は現在地震活動が極めて低い②この付近の最近の地震活動に安政地震の直前と類似のパターンが見られる③駿河湾西岸一帯でVpが異常に低いことが独立した幾つかの研究で確かめられている．●予想される地震像：駿河トラフから北西々に傾いた中角左ずれ逆断層運動．それにより，駿河湾西岸一帯は1m以上隆起，浜名湖～三河湾・沼津～伊豆西岸などが沈降．沼津～天竜川河口で震度6～7東京・大阪などで震度5程度．津波が紀伊～房総を襲い伊豆西岸など大浪害．●最悪の「直下型巨大地震」であるから直ちに直前監視警戒態勢づくりに着手すべきである．現在の態勢では迎撃不可能であり，発生の兆候が明らかになってからでは手遅れである．「東海地区地震予知防災センター」といった画期的新機関を設け，駿河湾大地震の予知と防災に関するあらゆる自然・社会・人文科学的研究とその成果を速やかに取り入れた地震予報業務を一元的に遂行すべきである．●断層モデルの計算には東大理・松浦充宏氏のプログラム(SATO and MATSU'URA, 1974)を使わせて戴いた．

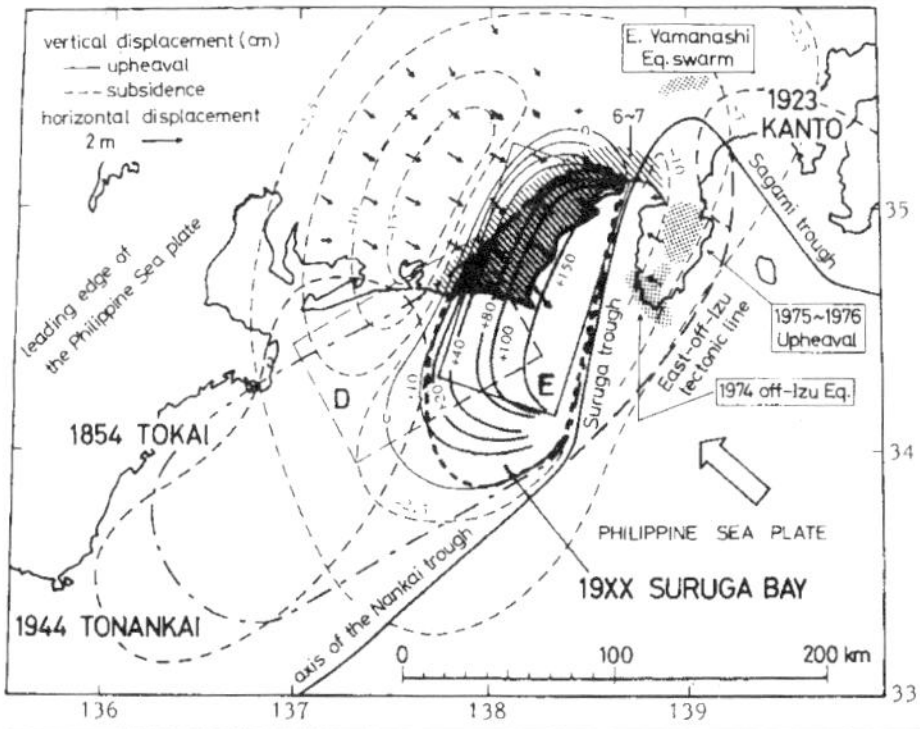

本論文中の notation

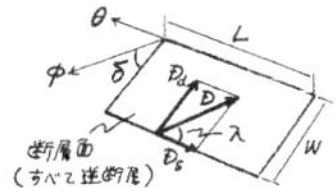

pure dip slip のとき λ=90°
左横ズレを伴なうとき λ<90°
右 〃 〃 λ>90°
H, 断層面の上端の深さ

Fig. 1. 影の部分が駿河湾地震の予想震源域．Eが第1次近似の断層面の水平投影．コンターと矢印は計算された地殻変動．斜線の部分で震度6～7が予想される．Dは従来の予想断層面(ANDO, 1975)．

●この問題に関して既に以下の資料があるので参照されたい．
石橋(1976a) 第33回予知連(5月24日)資料「東海地方に予想される大地震の震源域—駿河湾地震について—(暫定版)」pp. 1-19.
— (1976b) 国土地理院勉強会(6月10日)資料「駿河湾地震について(暫定第2報)」pp. 1-8.
— (1976c) 第34回予知連(8月23日)資料「東海地方に予想される大地震の再検討—駿河湾地震について—」pp. 1-8.
— (1976d)「東海地方に予想される大地震の再検討—駿河湾大地震について—(第1報)」(投稿誌未定)

次頁へ

30

図 4-1　1976 年に石橋克彦が地震学会で発表した東海地震説（地震学会予稿集, 1976, No.2, p.30-34 の最初のページ）

になりつつあるものの、駿河湾を震源域とする地震が否定されたわけではない。

二〇〇一年には内閣府の中央防災会議により東海地震の想定震源域の見直しが行われた（図4-2）。従来は駿河湾を中心とした長方形の震源域を想定し、その震源域をもとに被害想定が行われていた。この三〇年の間に、地震発生のしくみだけでなく、フィリピン海プレートの形状も詳細にわかってきた。このような新しい知見を基に見直された震源域は、プレートに沿って西に広がり、いわゆる「なすび形」の想定震源域となった。この想定震源域により予想震度分布が計算され、その結果、地震防災対策強化地域も西に拡大され、名古屋市も強化地域に含まれることになった。二〇〇三年には被害想定の見直しが行われた（表4-1）。

ありとあらゆる観測と監視

一九七〇年代から東海地震予知のためのさまざまな地球科学的観測が行われてきた。静岡県を中心とした東海地震の想定震源域周辺には、地震計、傾斜計など集中的な観測網が展開されてきている。このような高密度かつ高精度の観測は、かつて盲目的な前兆現象探しという批判を受けた時期もあった。確かに東海地震の予知のための観測が始まった三〇年前には、一九四四年の東南海地震直前に発生したとされる掛川における異常な地殻変動を主な根拠として、東海地域に歪計をたくさん設置した。その後、急速に進歩した地震予知研究の成果から見ても、当時始めた観測そのものは間違っていなか

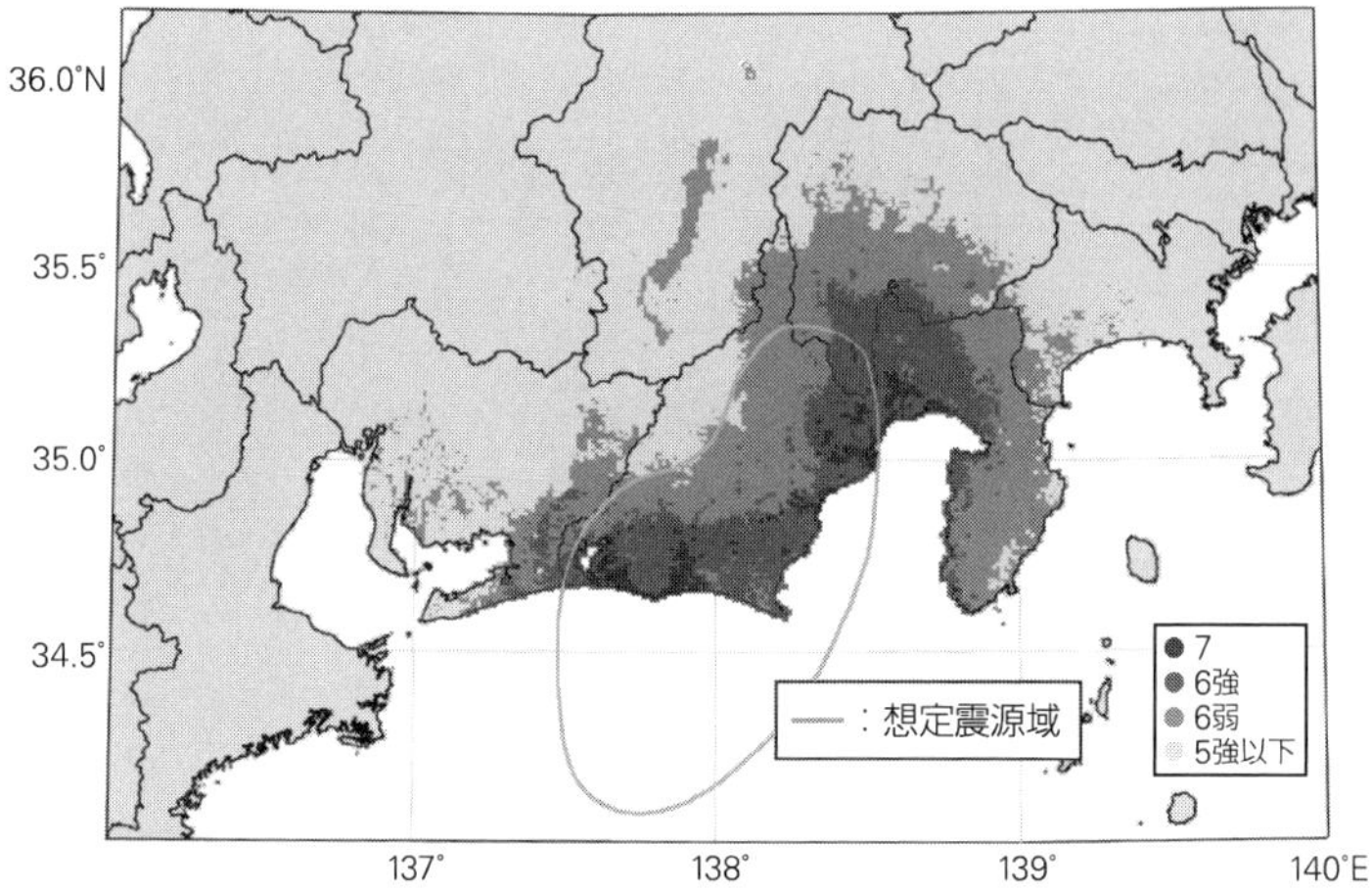

図 4-2　**東海地震の想定震源域と震度分布**（中央防災会議ホームページ）

表 4-1　東海地震に関わる被害想定結果
（中央防災会議ホームページ，2003 年 3 月 18 日発表）

建物全壊棟数（朝 5 時のケース）	
ゆれ	静岡県，山梨県南部，愛知県西部など強いゆれが生じる地域を中心に，約 17 万棟
液状化	ゆれの大きい地域や軟弱地盤を中心に，約 3 万棟
津波	静岡県，三重県などの沿岸部を中心に，約 7000 棟
火災	風速 3 m の場合；約 1 万棟，風速 15 m の場合；約 5 万棟
崖崩れ	静岡県などを中心に，約 8000 棟
合計	風速 3 m の場合；約 23 万棟，風速 15 m の場合；約 26 万棟

予知情報に基づく警戒宣言が発令された場合，火災の減少により，全壊棟数は最大約 3 万棟減少．

死者数（朝 5 時のケース）	
ゆれ	約 6700 人
液状化	死者は発生せず
津波	住民の避難意識の程度により，約 400-1400 人
火災	風速 3 m の場合；約 200 人，風速 15 m の場合；約 600 人
崖崩れ	約 700 人
合計	約 7900-9200 人

予知情報に基づく警戒宣言が発令された場合，事前の避難・警戒行動により，最大ケースの場合約 9200 人から約 2300 人に減少．

った。われわれは現在、最新の地震学の知見に照らし合わせて、地震の前兆現象が発現する機構を説明するモデルである「前兆すべり（プレスリップ）モデル」が最も合理的なものと考えて監視を行っているからである。

すでに述べたように、前兆すべりは実験やシミュレーションによって再現はされているものの、実際に観測されたことはない。にもかかわらず、前兆すべりを最も合理的と考えているのは次のような理由による。

前兆すべりとは、震源域の一部が、地震発生の前にゆっくりとすべり始める現象である。この現象は震源域の縁辺部や内部においてプレート境界がゆっくりとすべり始め、そのすべり速度がだんだんと加速していく現象と考えられている。前兆すべりが発生する原因は、震源域内の固着の強度に不均質があるためと考えられている。震源域にかかる応力が増加していくと、まず強度の小さい場所がすべり始める。そのすべりによりまだ固着している周辺の領域にかかる応力が増加するが、少しくらいすべったとしても強度の大きな場所がすべりを支えて、震源域全体にすべりが広がることを妨げる。震源域全体がすべって本震を発生させるのは、固着した領域が応力の増加に耐えられなくなったときである。このようなしくみで前兆すべりが発生することが、実験でもシミュレーションでもわかっている。またこのような前兆すべりに伴い、相対的に小さな地震が発生することも予測される。実際、前震と呼ばれる相対的に小さな地震が、本震前に本震の震源近傍で発生することがしばしば観測されている。これも前兆すべりの間接的な証拠と解釈できる。このように前兆すべりは、アスペリティモデルとアスペリティ領域内の強度の不均質性から必然的に予測される現象であるため、現時点では信頼するに足る合理的な現象と考えられている。

前兆すべりが発生すると周囲の応力状態が変化するので、観測機器に何らかの異常現象が捉えられるはずである。他の海溝型地震とは異なり、東海地震の想定震源域は陸地から近いため、異常現象を捉える可能性があると考えられている。このような異常現象の証拠がないかを注意深く観察し、できるだけ早く「現行犯逮捕」(溝上恵・地震防災対策強化地域判定会長の言葉)しようというのが、現在東海地域で行われている監視である。

そういう意味では、現在の観測体制は、どのような現象が東海地震の引き金を引くかを観測するというよりは、前兆すべりを地震発生とひとつながりの現象と捉え、すでに起こり始めてしまった(もう後戻りすることはない)地震現象の観測と報知と見なすことができる。つまり、われわれは異常値がまったく観測されていない段階で地震を予知するわけではないし、異常値がでたらめに出現するたびに不安になって騒いでいるわけでもない。

さて、東海地方には、想定される断層面を囲むように、地震計(海底地震計も含む)、歪計(体積歪計、三成分歪計)、傾斜計、伸縮計、潮位計、地下水位計、GPS等の高感度観測網が設けられている(図4-3)。これらの観測網における実際の観測内容は、以下のとおりである。

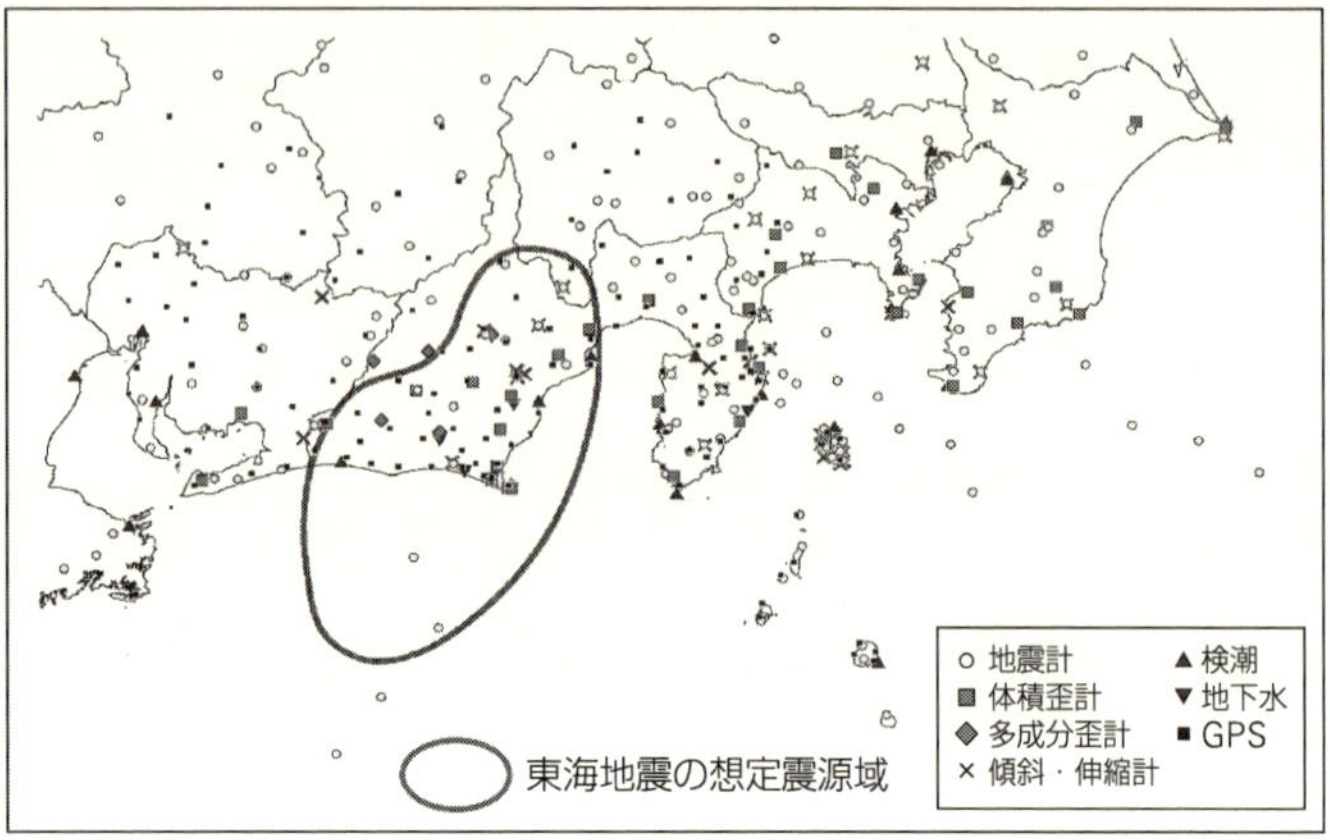

図 4-3　東海地震予知のための監視網

地震計

地震計とは地面の震動を測定する装置である。東海地震の予知のように、大きな地震の発生前に地下で何が発生しているかを調べるためには、人間の体に感じない振動も捉えられる高感度速度型地震計を用いる（気象庁や防災科学技術研究所、各大学などが設置している）。東海地域では、観測点の設置間隔が狭いため、マグニチュード一前後の小さな地震までも検知できる。このような地震観測により、通常の地震活動に比べて活動レベルが高くなったり低くなったりすると、いちはやくその変化を検出することが可能である。また、プレート境界でのゆっくりすべりに伴って発生する低周波微動も検出できる。

歪計、地下水位計

歪計とは、地下の岩盤が周辺から押されたり引っ張られたりして伸びたり縮んだりする量を精密に測定する機器で、体積歪計、三成分歪計の二種類がある。

このうち体積歪計はなかなか面白い機構を持つので、例にとって説明する。読者の皆さんには風船に水を満たし、その吹き込み口にストローをさして固定した状態を想像してほしい。これを地面の中に埋めて、周りから力をかければストローから水がチュッと出るだろう。この量を精密に測定するわけである。感度は大変高く、一億分の一の歪まで検出できる。というだけではピンとこないかもしれない。一般的な学校のプール（長さ二五m×幅一〇m×深さ一・五m）に水を満たし、ここに直径一cmのビー玉を落とすと、プールの水面は少しだけ上昇するだろう。そのくらいの微小な変化が検出できると考えていただいてかまわない。精密な地下水位変化の計測も、やはり歪の変化を測定していることになる。最近では地下水位の変化を精度よく歪に換算できるようになってきた。

歪計はこれだけ感度が高いので、観測値のほとんどは、日々の海洋潮汐や固体地球潮汐の変化と、ローカルな変化、たとえば高気圧や低気圧の通過、降水や降雪（雨が降ると周辺に流れ去るまで一時的におもりを置いたことと同じ状況になる）、地下水の汲み上げ（夏場のプール使用に伴う揚水等も含む）のような微小な変化まで記録してしまう。これらの影響は理論的に取り去ることがある程度可能なので、取り去った後の観測データはふだんはほぼ一定の値を示している。しかし、周辺でゆっくりすべりやマグマの移動など何らかの現象が生じると、複数の観測点で変化が現れることがある。そのようなデータを解析すれば、地下で何が起きたかを知ることができる。過去には伊豆大島の噴火や、後で述べる伊東沖の群発地震、そして浜名湖直下で発生したプレート境界のゆっくりすべりによって観測値に変化が現れた。

傾斜計、伸縮計、潮位計、GPS

これらの測器も地殻の歪を計測するためのものである。傾斜計は文字どおり地盤の傾斜変化を、伸縮計は地盤の伸び縮みを測るものである。潮位計は海岸で潮位の変化を測るものであるが、地面が隆起したり沈降したりした場合にも変化が出る。GPSはすでに説明したが、一〇〇㎞以上も離れた場所の間の距離をミリメートル単位で計測する精度がある。現在、これらの計測器は、東海地震の予知においては補助的なデータとして用いられている。

2―東海地域で見えてきたゆっくりすべり

東海地震発生のシナリオ

予知システムの進歩

このように、東海地域では地震予知のための種々の観測が行われている。観測の始まった当初は、観測をしていれば東海地震前の異常な現象を検知できるであろうという漠然とした計画であったが、最近は、地震研究の発展の成果をとりいれて、地震のシナリオ（地震予知モデル）を描き、そのシナリオに当てはまる現象が起きるのを待ちかまえている状況である。

通常の観測データと異なることが起これば、何でもかんでも前兆現象と疑わなければならなかった時代から、ある特定のシナリオに沿った現象のみを注目すればよくなったのであるから、予知システムとしては格段の進歩である。実際に東海地震が起きていないので、一般の人にはそれがわかりにくいが、いわゆる「安心情報」＝「この現象は東海地震とは関係ない」の確度（科学的な合理性の根拠の程度）は、以前に比べて格段にあがっている。ただし、東海地震が起こらない場合、このような安心情報が出されたことはすぐに忘れさられてしまうから、一般の人には実感できないことがらでもある。

しかし、シナリオにない現象が現れたときに、それを無視するのかというとそうではない。新たに発見された現象については、気象庁だけでなく多くの地震研究者がその原因を追究している。その上で、その現象が東海地震にどのように関係するか、慎重な検討が行われている。後述する「東海スロースリップ」はその代表的な例である。

東海地震予知の戦略

駿河湾ではフィリピン海プレートが東海地方をのせた陸側のプレートの下に、南東から北西方向に斜め下に沈み込んでいる。ここで生じるマグニチュード八クラスの巨大地震が想定東海地震である。

図4-4に気象庁で考えられている東海地震のシナリオを示す。図は、ほぼ北西―南東方向の断面図で、左側が東海地方の陸側である。①が通常状態で、フィリピン海プレートが斜め下方向に、東海地方の下に年間数センチメートルのスピードで沈み込んでいる。最近国土地理院によるGPS観測網(GEONET)の整備により、このようなプレートの動きが刻々とわかるようになってきている。

3章で述べたとおり、陸側のプレートとフィリピン海プレートの境界部は、一部がくっついていてアスペリティまたは固着域と呼ばれている。

フィリピン海プレートの沈み込みに伴って陸側のプレートも引きずられて、内部が徐々に変形して歪み、東海地方の海岸の先端部(御前崎市など)は沈降する。陸側プレートの歪が蓄積し限界が近づくと、東海地方の海岸の先端部の沈降のスピードが遅くなる(②)。

さらにその状態が進むと、プレートの固着した部分がはがれ、その部分でゆっくりしたすべりが生じる。これを、前兆すべり(またはプレスリップ)と呼んでいる。この前兆すべりによって、地面の歪や傾斜、海岸部の隆起などの種々の地殻変動や、それに伴う地下水変化等が生じると考えられる(③)。そして、前兆すべりが加速して地震発生にいたる(④)。特に③で生じた地殻変動を検出することで地震を予知しようというのが、東海地震予知の現在の戦略である。

ここで注意しなくてはならないのは、この前兆すべりが起こらずに東海地震が発生することもありえるし、前兆すべりが生じたとしても、その規模が小さかったり、観測点が多数ある陸域から遠く離れた海域で起これば、前兆すべりを検出しないうちに東海地震が発生する場合があるということであ

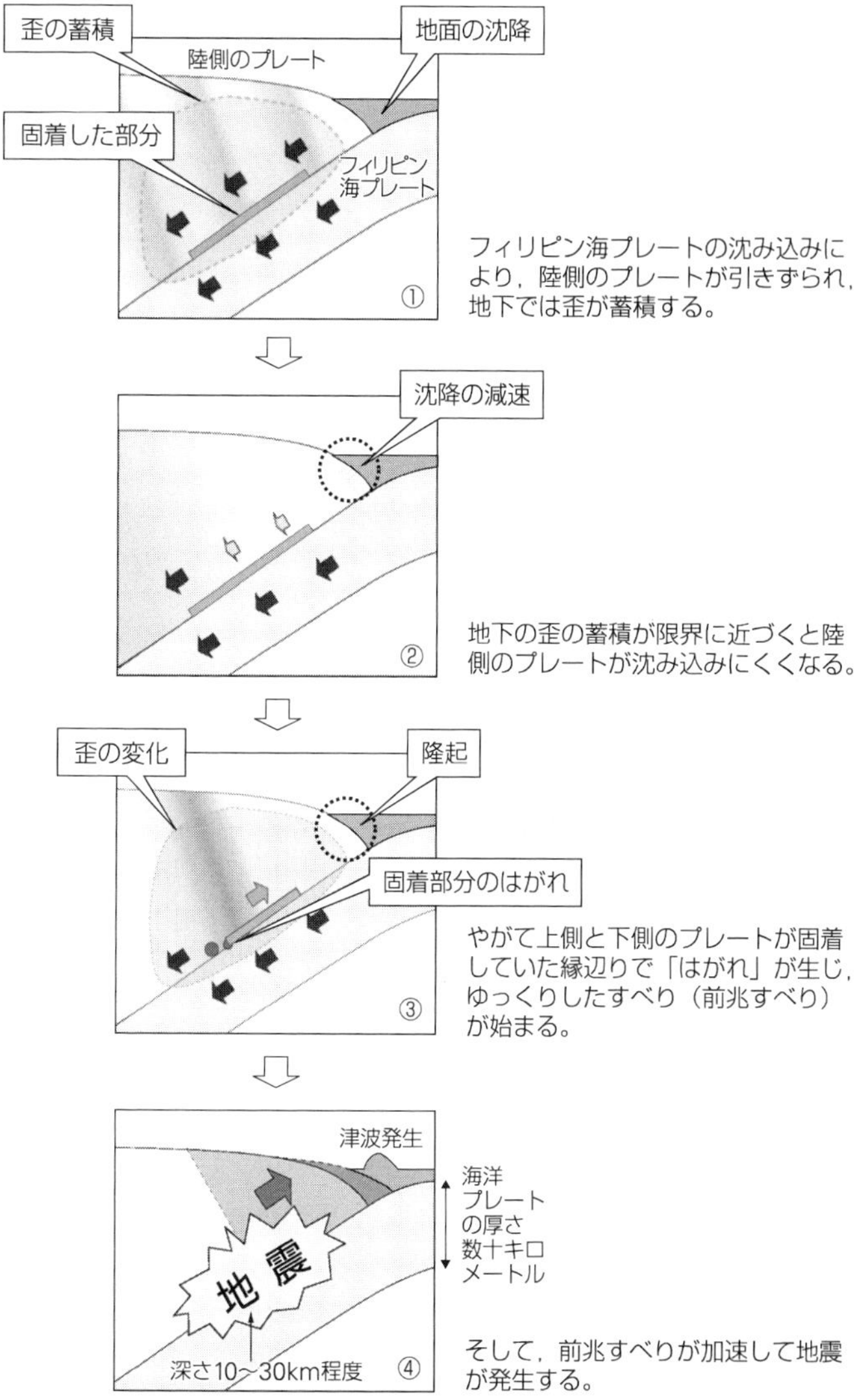

歪の蓄積
地面の沈降
陸側のプレート
固着した部分
フィリピン海プレート
①
フィリピン海プレートの沈み込みにより，陸側のプレートが引きずられ，地下では歪が蓄積する。
沈降の減速
②
地下の歪の蓄積が限界に近づくと陸側のプレートが沈み込みにくくなる。
歪の変化
隆起
固着部分のはがれ
③
やがて上側と下側のプレートが固着していた縁辺りで「はがれ」が生じ，ゆっくりしたすべり（前兆すべり）が始まる。
津波発生
海洋プレートの厚さ数十キロメートル
地震
深さ10～30km程度
④
そして，前兆すべりが加速して地震が発生する。

図 4-4　東海地震発生のシナリオ（気象庁資料に基づく）

る。

東海スロースリップ

ここでは、東海地方で見つかった「東海スロースリップ」と呼ばれるゆっくりすべりについて述べることにする。ゆっくりすべりについては、すでに3章で詳しく説明したので、ここでは東海地震との関連に重点を置いて説明をすることにする。

東海スロースリップとは

二〇〇〇年末頃から、東海地方で通常とは異なる地殻変動が生じていることが、GPSの連続観測によって明らかになった。前述の①で示したように、通常、東海地方はフィリピン海プレートの沈み込みにより、北西方向に年々圧縮され、海岸部は沈降する。その一年ごとの圧縮や沈降の大きさが小さくなったのである。これは、通常の状態を差し引くと、相対的に、水平方向には南東に伸び、鉛直方向には隆起することがわかった（図3-6参照）。フィリピン海プレートは北西方向に従来のスピードで動いているので、フィリピン海プレートと陸側のプレートの固着の程度が緩んで、静岡県が属する陸側のプレートが南東方向にゆっくりすべりだしたことを意味する。これが、「東海スロースリップ」と呼ばれている現象である。

このような通常とは異なる地殻変動が確認された当時、東海地震の判定を行う気象庁長官の諮問機関である地震防災対策強化地域判定会（以下、単に判定会と呼ぶ）の委員や気象庁には緊張が走った。このゆっくりとしたすべりの生じた場所が、東海地震想定震源域よりやや西に離れた場所（浜名湖周辺の地下）で、そのすべりのスピードが非常にゆっくりであるとはいえ、東海地震の直前に起こると考えられている前兆すべり（前述のシナリオ③）と似ていたからである。

東海スロースリップの意味

この観測結果を受け、東海スロースリップのような現象が過去に起こっていなかったかどうかが、GPS観測網が整備された一九九五年以前にまでさかのぼって調べられた。まず、静岡県と愛知県で名古屋大学が実施していた光波測距（光の往復時間を使って二点間の距離を測ること）のデータや、潮位データ（陸の隆起・沈降がわかる）の解析が行われた。それらの解析の結果、一九九五年以前にも、何度か東海スロースリップのような現象が数年間の継続時間で生じている可能性があることがわかった。

この東海スロースリップはゆらぎつつ継続してきたが、二〇〇五年末頃からすべり量は小さくなった。これが東海スロースリップの終息なのか、それとも一時的な停滞に過ぎないのか、監視と研究が続けられている。

短期的ゆっくりすべりのリアルタイム検出

二〇〇五年七月に愛知県東部で小規模な地殻変動が発生していることが、気象庁の複数の歪計による観測でわかった（図4-5）。その変化は系統的であり、場所こそ、東海想定震源域より西北西にずれているものの、解析の結果、愛知県東部（図4-6の○で示す場所）直下のプレート境界付近でゆっくりとしたすべりが生じていることがわかった。さらに同じ場所で、通常の地震より周期の長いゆっくりしたゆれを生じる低周波微動（図4-6の▽）が生じていることもわかった。じつは、東海地方に設置された気象庁の歪計が、伊豆半島や伊豆諸島の火山活動以外で意味のある変動を、現象が進行している最中に初めて検知したのが、このときのゆっくりすべりであった。

ゆっくりすべりの大きさ（M五・八の地震に相当）からいっても、継続時間（数日）からいっても、想定されている前兆すべりにそっくりな現象であったが、すべりの速度が想定されているものよりもやや小さく、加速傾向を示さなかったことと、東海地震の想定震源域（図4-6のなすび型の図形で示した範囲）よりも離れた場所で発生したものであることから、気象庁は「東海地震の前兆とは判断できない」として、観測情報等の東海地震予知に関する情報は出さなかった。

ゆっくりすべりと東海地震

このように、東海地方周辺のプレート境界では、マグニチュード六クラスの地震のすべりに相当し、数日間継続する短期的なゆっくりすべりが半年から数カ月間隔で発生することも判明した。これと同

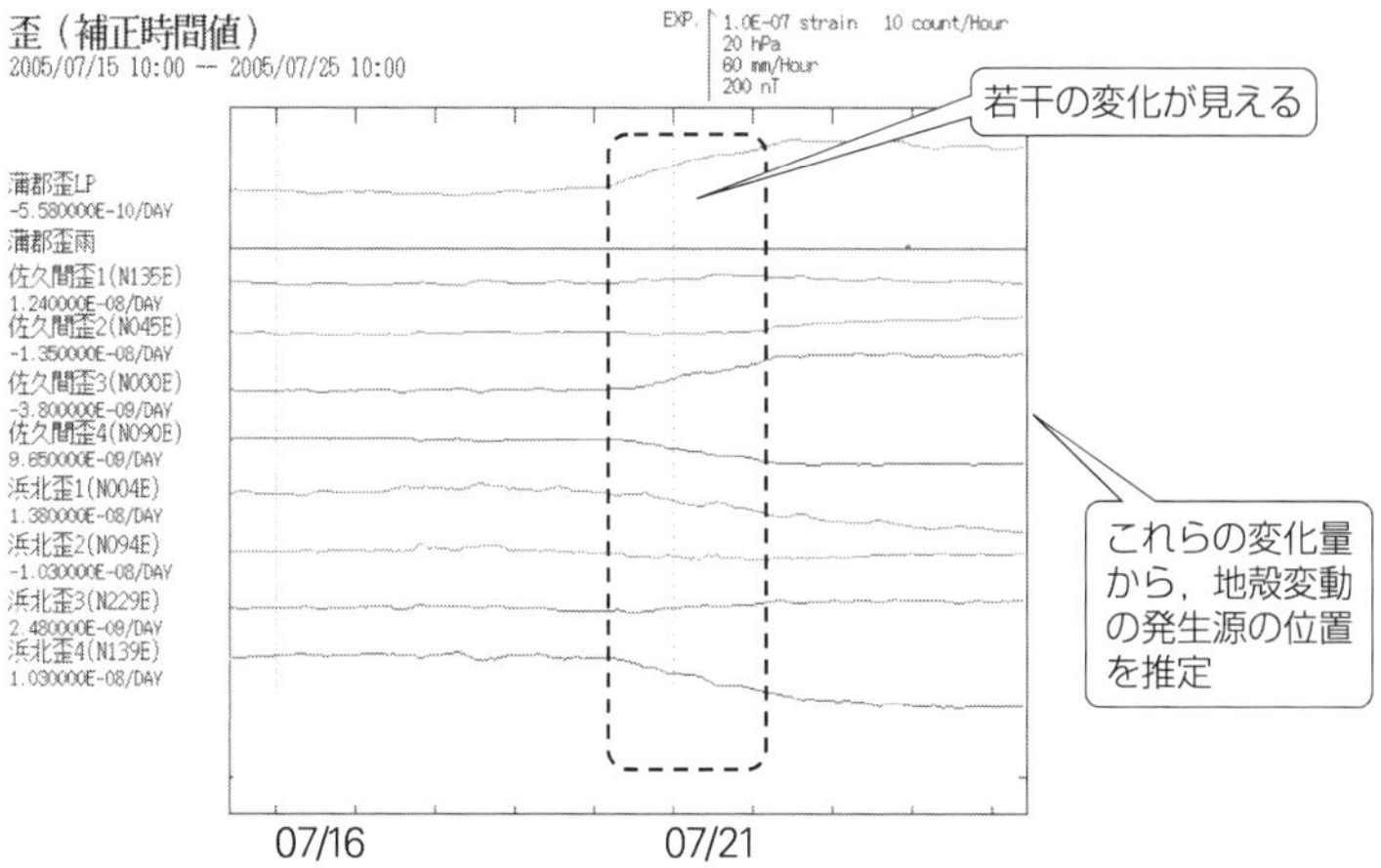

図 4-5　愛知県東部における 2005 年 7 月 20-22 日の歪変化（気象庁資料）

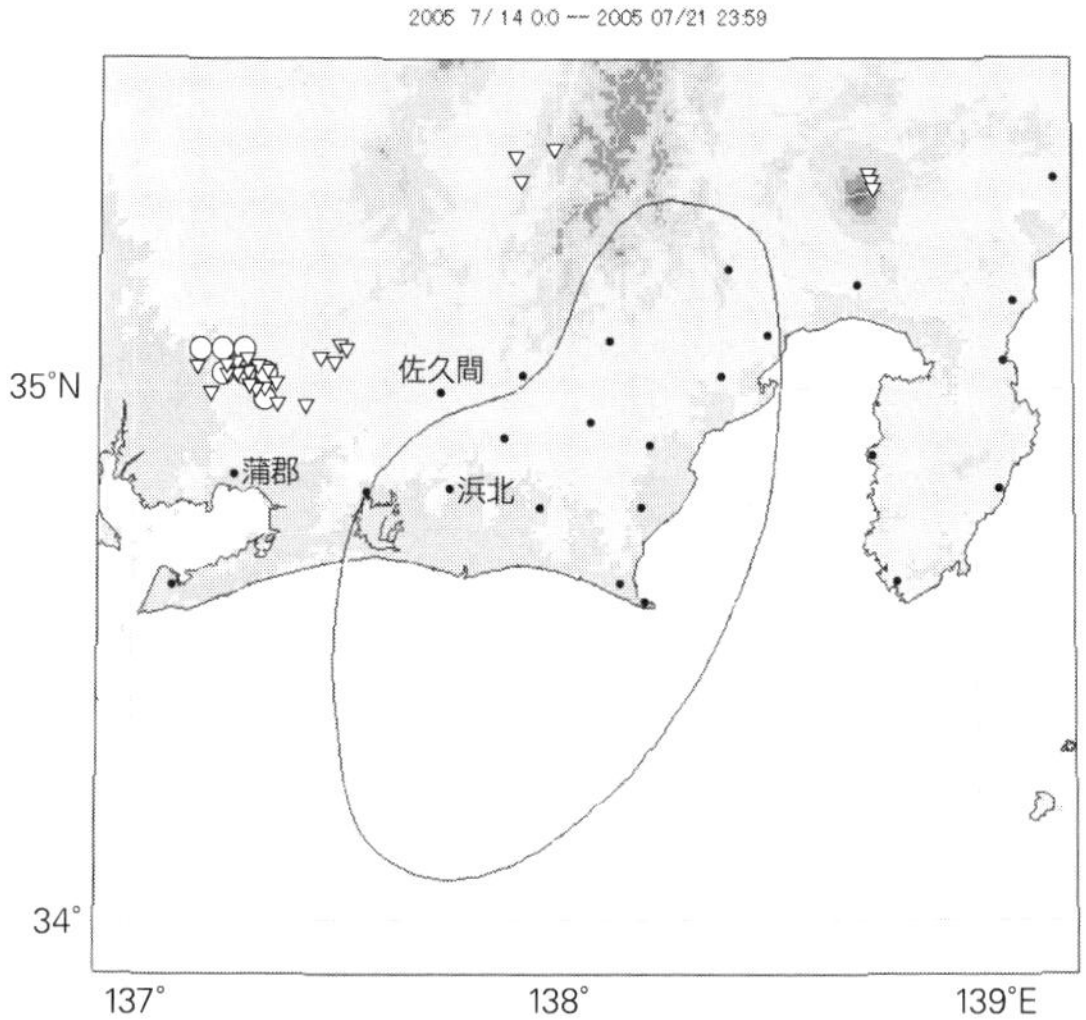

図 4-6　愛知県東部における 2005 年 7 月の短期的ゆっくりすべり（○印）と深部低周波微動（▽印）の位置（気象庁資料に基づき簡略化）黒丸は観測点．

程度の前兆すべりがあれば検出可能であることが示されたという意味で、短期的ゆっくりすべりのリアルタイムでの検出は地震予知研究における重要な進歩であった。

では、この短期的ゆっくりすべりと前兆すべりをどのように区別するのだろうか。現時点で前兆すべりかどうかを判断する基準は、ゆっくりすべりが「想定震源域の縁(へり)か内側で発生すること」と、「加速傾向を示すこと」である。想定震源域はプレート間が固着している場所とされているので、その縁や内部でゆっくりすべりが発生すると、直接周囲の固着した領域に応力のしわ寄せが起こり、すべらせるためのせん断応力が増加する。固着域の固着強度には不均質があるため、相対的に強度の小さい部分がすべり始める。このすべりがさらに周囲の応力にしわ寄せを与える。これがすべりの加速傾向として捉えられる。

二〇〇五年七月に愛知県東部で発生した深部低周波微動を伴う短期的ゆっくりすべりは、前述の基準を満たしていないことを、すべりが進行している最中に捉えることができた。そのため、東海地震につながらないと判断し、東海地震の予知に関連する情報は出されなかった。そして、実際に東海地震は発生しなかった。これは幸運な偶然だったと言われるかもしれない。しかし、その後同様に深部低周波微動を伴うゆっくりすべりがたびたび発生していることが観測されているが、いずれも東海地震の震源域から離れた場所で発生し、また加速傾向を示さず、東海地震につながっていない。このことはこれらのゆっくりすべりは東海地震に直接つながらない現象であることを示しており、前述の前兆すべりの判断基準が現段階では不適切な基準でないことを示している。このように東海地震については、前兆すべりの監視を行っているだけでなく、観測された現象が前兆ではないという判断も同時になされている。

伊豆半島東部での群発地震予知

伊東沖の群発地震

東海地震そのものの予知ではないものの、地殻内部で発生している現象を解明して予知に生かされている例を一つ示そう。

伊豆半島東岸の静岡県伊東市の周辺では、一九七〇年代の後半から群発地震がたびたび発生してきた(図4-7)。最近では、二〇〇六年の四~五月にも群発地震活動があった。ひとたび群発地震が始まると、数日から数カ月にわたって体に感じる地震(有感地震)の回数が数百回、小さな地震まで数えると一万回をこえるような地震活動が発生することがある。伊東沖で発生する地震は、最大でもマグニチュード六程度であるため、地震そのものによる被害はそれほど深刻ではないのであるが、地震の震源が浅く、地鳴りを伴って下から突き上げるような地震が頻発するため、地域住民を不安にさせている。また、伊東市周辺は美しい海岸線や温泉を持つ観光地であり、群発地震の発生は観光客の動向にかかわるので、地域経済にとっても大きな問題である。

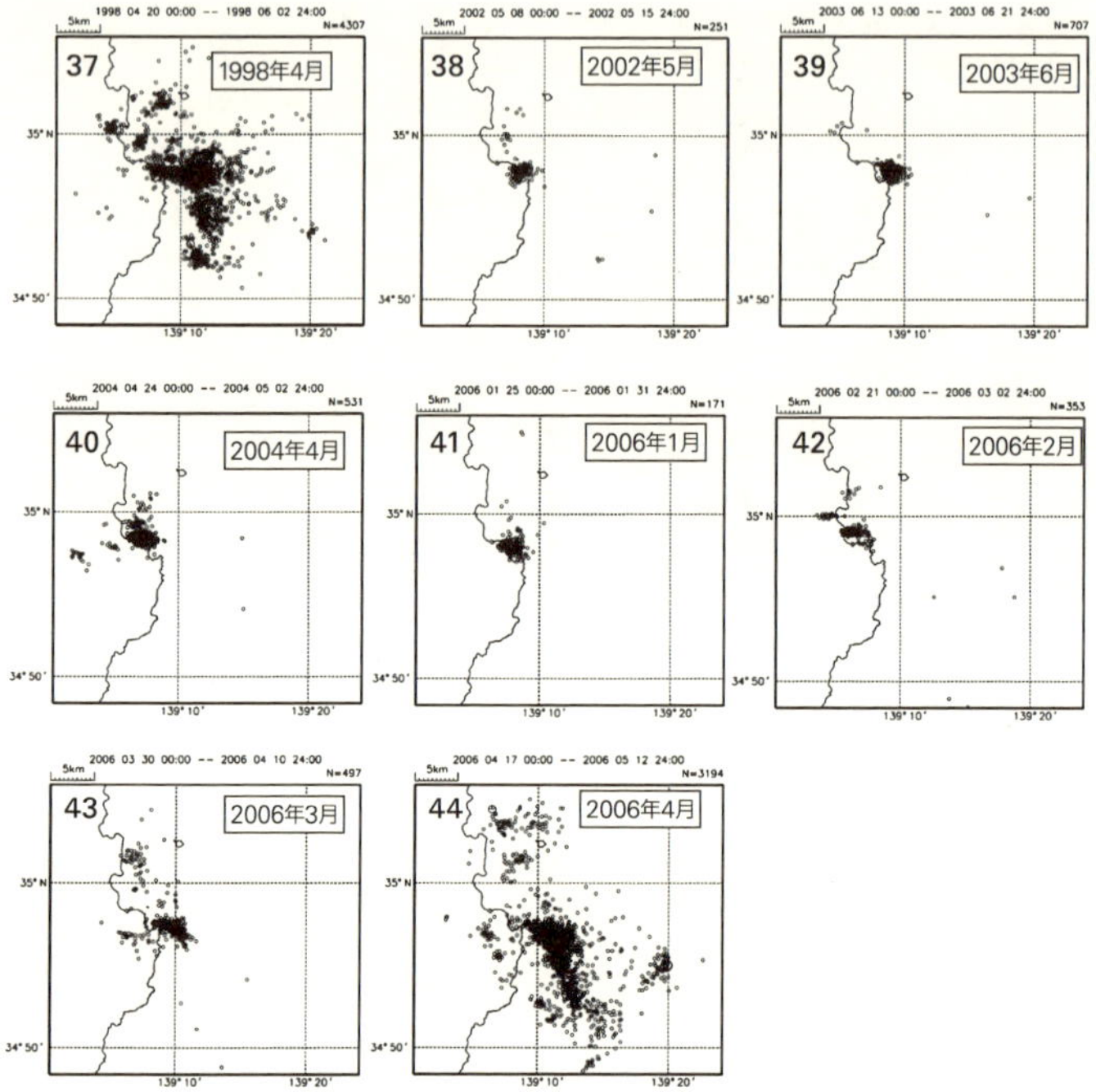

図 4-7　伊東沖で発生する群発地震の震央分布の最近の例（1998-2006 年，気象庁資料）

群発地震に先立つ地殻変動

この一〇年間に伊東沖群発地震の予知に関しては大きな発見があった。ある程度大きな規模の群発地震であれば、群発地震の発生を数時間前に予知できることがわかったのである。

東京大学地震研究所の石井紘の研究グループや防災科学技術研究所の岡田義光の研究グループでは、伊東沖の群発地震に伴う地震、地殻変動のデータを詳細に解析し、伊東周辺に設置された傾斜計が、群発地震の発生する半日から数時間前に前兆的な変化を記録していることを発見した。このような前駆的な変化は、気象庁が設置している歪計でも見つかり、規模の大きな群発地震では必ず現れていることが確かめられた。二〇〇六年の群発地震活動でも、地震が活発化したのは四月一七日の午後四時頃からであるが、その一二時間ほど前から傾斜計や歪計において前兆的な変化が記録されている（図4-8）。

なぜ、伊東沖の群発地震では、前兆的な地殻変動が観測されるのであろうか？　その答えには、伊東沖の群発地震の発生メカニズムが深くかかわっている。実は、伊東沖の群発地震は、地下におけるマグマ活動と密接に関連している。地下の深いところ（深さ一〇km以深）に停留していたマグマが、浅いところに移動するとき、マグマは地殻内で板（岩脈）状に貫入し、周辺の岩盤を押し広げる（図4-9）。そのため、マグマの周囲の岩盤では地震が頻発し、群発地震となる。過去の群発地震ではほとんどの場合、上昇してきたマグマは地表まで達することなく、群発地震も終息するのであるが、一九八九年の群発地震活動では、マグマが伊東沖の海底に達し、海底噴火が発生した。

つまり、傾斜計や歪計は、群発地震の地震そのものによる地殻変動を観測するというより、マグマが周辺の岩盤を押し広げたことによる、群発地震に先行する地殻変動を観測しているのである。そのデータを解析することにより、マグマがどの場所に貫入したかを推定できる。

マグマ上昇による地震の発生

群発地震の震源の深さに注目してみると、深さが一〇kmよりも浅い地震がほとんどで、それより深いところでは、あまり発生していない。これは、温度等の条件により、一〇kmより深い場所では、た

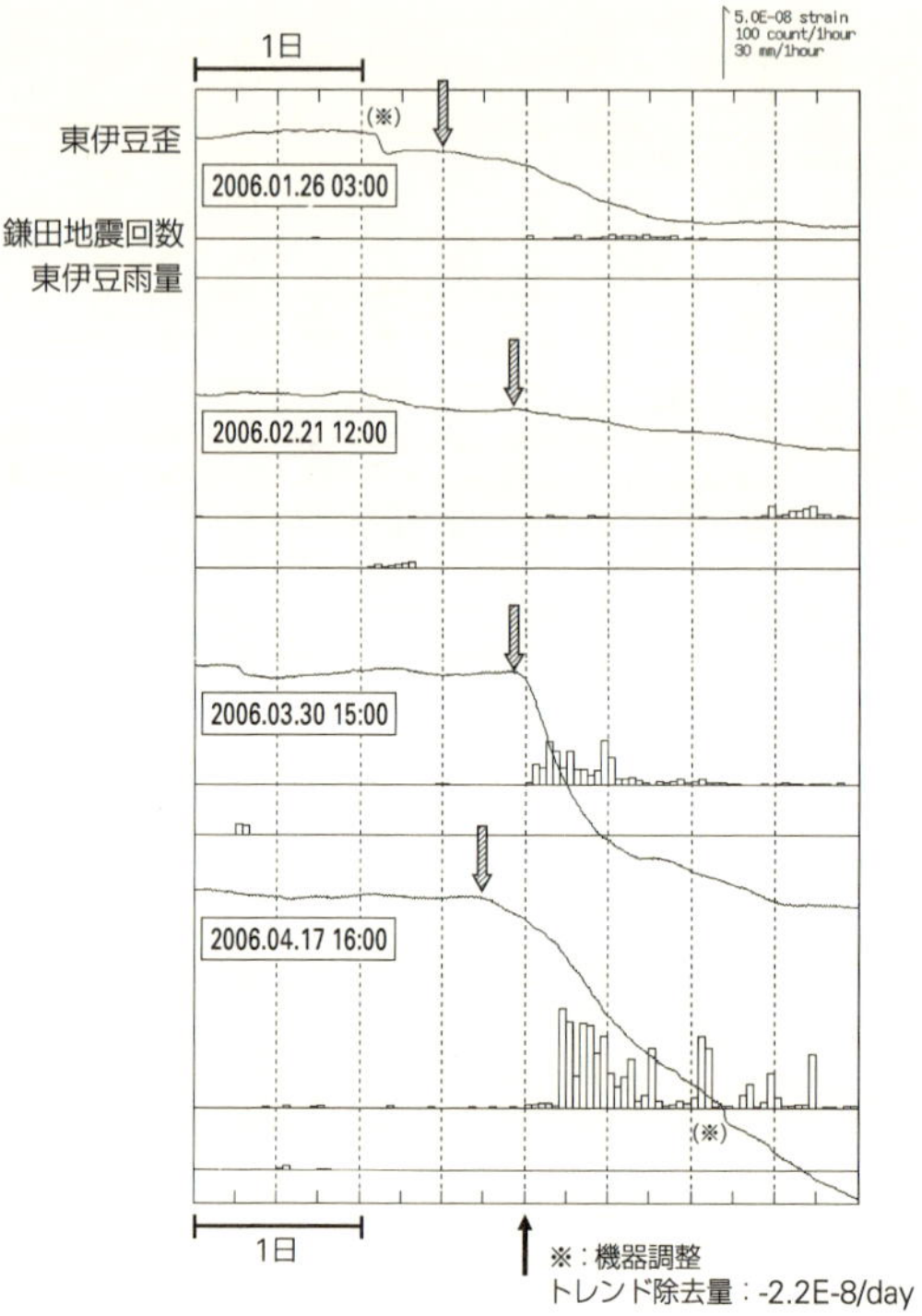

図 4-8　伊東沖の地震活動開始前後に東伊豆の体積歪計に見られた変化（気象庁資料）

図中の太い矢印は歪変化が始まったと思われる時刻．図中の数字で表した時刻は地震活動が活発化した時刻（図下段の矢印↑）．群発地震の発生前に歪計の値が変化するのがわかる．

とえマグマが岩盤を押し広げたとしても、地震が発生しないためと考えられている。実際のマグマの移動は、一〇km以深の場所から始まっており、そこでのマグマの移動が地殻変動を生じさせ、それを傾斜計や歪計で捉えることができる。そしてマグマが浅部へと移動し、深さ一〇kmに達したときが群発地震の開始となる。すなわち、マグマの移動が深いところで始まり地殻変動が生じてから、深さ一

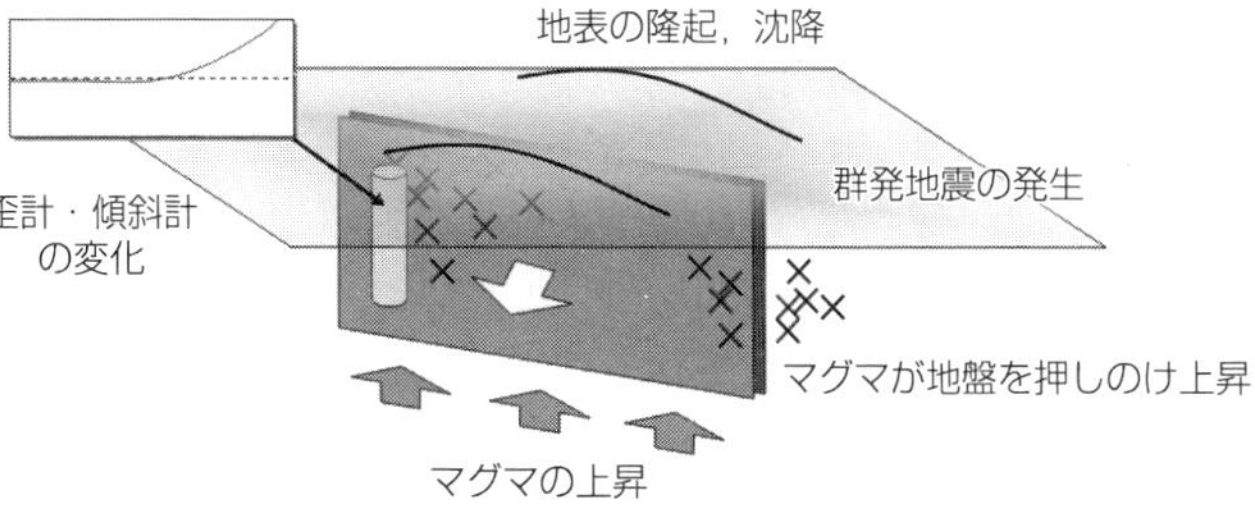

図 4-9　マグマ上昇によって起きる傾斜変化のモデル

〇kmに達して周辺で地震が発生するまでの時間差が数時間から半日あるために、群発地震の発生が予知できるのである。

メカニズムの解明と予知

さらに、東京大学地震研究所と気象庁のグループは、伊東市近郊に設置された歪計で、最初の二四時間に観測される変化量が、群発地震の総地震回数や継続期間とほぼ比例関係にあることを見出した。すなわち、群発地震の最初の二四時間の歪変化量によって、群発地震がいつごろ終息するのか、おおよそ予測できるのである。歪計の変化量は、マグマの移動量に比例すると考えられるため、最初の二四時間に動き出したマグマの体積によって、群発地震の地震回数および継続時間が決まっていることになる。

このように、この一〇年間において、伊東沖の群発地震に関しては、その発生だけでなく、その地震回数や継続時間までもがおおまかに予知できるようになった。このような予知ができるようになったのは、この地域で群発地震が繰り返し発生し、充実した観測網が整備され、多くの群発地震を観測して解析する事例を積み重ねることにより、群発地震の発生メカニズム、つまり原因が解明されてきたからである。大地震に関しては、伊東沖のように地震が頻繁に起こるわけではなく、観測・研究例を積み重ねていくことは簡単ではないが、地震の「原因」そのものを解明することによって、予知も可能になるという先例を伊東沖の群発地震は示しているのである。

3—東海地震の予知ができるとは——科学から社会へ

科学だけで予知をしてよいのか

現状としては、前兆すべりによる歪変化が観測機器の検出レベルに引っかかるかどうか、あるいは異常現象を発見しても地震発生前に社会に知らせる時間的余裕があるかどうかはわからないが、とにかく科学技術的には数々の異常な変化を検出できるところまでは実現している。また、最近は大地震にいたらないプレート境界のゆっくりすべりすら監視可能になってきた。

では、異常現象を検出し、東海地震の発生を予知することが、すなわち災害の軽減につながるか？というと、それは間違いである。なぜなら、社会の側にその予知情報を受け入れる体制ができていないと、折角の情報も意味を持たなかったり、混乱を招いたりするからである。

ドラマや映画などでは科学者が総理官邸に向かい、

「総理、大地震が起きます。すぐ住民に避難指示を」

「わかった。博士」

というシーンがあったりするが（かっこいい！）、そもそも総理官邸に手順を踏むことなくアポなしで尋ねたとして、門内に入れてもらえるかはなはだ疑問である（だいたい科学者なんて輩は、あまり良い身なりはしていないものである）。読者の中にも、

「科学者は、確かに科学的に仮説を注意深く取り扱っているらしいが、単に地震が起きそうだと予知するだけならば、地震が起こりそうだとわかったときに、テレビにでも出て発表してくれればそれでいいじゃないか。鯰や雲の観察をしている人だって、科学としては未熟かもしれないが、同じことをやっているんだから」

と思われる方もいるかもしれない。しかし、そうは問屋がおろさない。この節では、現在行われている東海地震予知の体制を、少し別な観点から見てみたい。

東海地震の予知情報体制を知る

東海地方で地震予知ができる可能性があるという言い方をしているのは、次のような条件が整っているからである。

「総理，大地震がきます！」「よし，わかった」というわけにはいかない

・地震予知に関する、基礎科学的研究が行われている。
・その中で最も合理的な地震発生モデルに基づく観測体制がしかれている。
・観測は二四時間態勢で行われている。
・何が異常現象かの客観的な判断基準が設けられている。
・異常現象が出た場合にはどのように対処するかのマニュアルが事前に準備されている。
・情報は一元的に取り扱われている。
・発表される情報によって、社会の側が何をするのか？何をしてはいけないか？が法律で決められていて、情報発表後、即時に避難や社会的なさまざまな行動に規制がかけられる仕組みができている。
・この手順すべてが、異常現象発生から地震発生までの間に実行できる可能性がある。

地震予知、とくに直前予知は、非常に社会的影響が大きいため、ここまでの条件が整って初めて、科学的な予知を実行に移すこと、つまり社会に適用することができる。地震予知は、単に自然現象の観測による異常現象の発見や情報発表であると考えられがちであるが、情報の社会的受容、さらに対策までが含まれている必要がある。

たとえば、地震予知のモデルの提唱者がたった一人で、その人が二四時間食事も睡眠も取らず見ていないと処理がうまくいかないものであっては実際には使えないし、仮に情報を出してもそれに何かの権限が伴っていなければ、情報は単なる社会的混乱を招くだけである。

社会に伝えること

読者は左記のような文章を見たことがあるだろうか？

> 地震防災対策強化地域判定会会長会見（定例）
>
> ・報道発表日
> 平成一八年一二月二五日
>
> ・概要
> 現在のところ、東海地震に直ちに結びつくような変化は観測されていません。
>
> ・本文
> 第二四七回地震防災対策強化地域判定会委員打合せ会記者説明コメント
> 最近の東海地域とその周辺の地震・地殻活動

現在のところ、東海地震に直ちに結びつくような変化は観測されていません。
全般的には顕著な地震活動はありません。浜名湖東方から静岡県中部の直下では通常より活動レベルの低い状態になっていますが、その他の地域では概ね平常レベルです。
東海地域及びその周辺の地殻変動には注目すべき特別な変化は観測されていません。

これは毎月行われている東海地震の定例の判定会で出されるコメントである。変化が観測されていないなら、こんなコメントを別に出さなくてもよいようにも見えるが、月に一度発表されるこの文章こそが、実際に黙々と地震予知を目指した観測を実施している証拠でもある。

では、何か異常現象（東海地震発生想定域におけるプレート境界の前兆すべり）が検出されたときには、前述の手順はどうなるのであろうか？　現状では複数の観測点で異常現象が現れた時点で、気象庁内で複数の学識経験者から構成される判定会が招集され、異常現象を精査する。異常現象の出現状況にもよるが、三つの情報が発表される可能性がある（図4-10）。

「東海地震観測情報」…観測された現象が東海地震の前兆現象であると直ちに判断できない場合や、前兆現象とは関係がないとわかった場合。

少なくとも一カ所の歪計で有意な変化が観測された場合や、顕著な地震活動が観測された場合で、東海地震との関連性について直ちに評価できない場合などに発表される。住民は、テレビやラジオのこの情報は平成16年1月5日から運用を開始します。
すべての情報は、自治体の広報やテレビ・ラジオ等を通じて住民の方に伝えられます。

危険度

情報名	主な防災対策
東海地震観測情報 観測された現象が東海地震の前兆現象であると直ちに判断できない場合や、前兆現象とは関係がないことがわかった場合に発表されます。	●防災対応は特にありません。 ●国や自治体等では情報収集連絡体制がとられます。  住民の方は、テレビ・ラジオ等の情報に注意し、平常通りお過ごし下さい。
	(防災準備行動開始)
東海地震注意情報 観測された現象が前兆現象である可能性が高まった場合に発表されます。	●東海地震に対処するため、以下のような防災の準備行動がとられます。 ○必要に応じ、児童・生徒の帰宅等の安全確保対策が行われます。 ○救助部隊、救急部隊、消火部隊、医療関係者等の派遣準備が行われます。  ●気象庁において、東海地震発生につながるかどうかを検討する判定会が開催されます。 住民の方は、テレビ・ラジオ等の情報に注意し、政府や自治体などからの呼び掛けや、自治体等の防災計画に従って行動して下さい。 
東海地震予知情報 東海地震の発生のおそれがあると判断した場合に発表されます。	●「警戒宣言」が発せられます。  ●地震災害警戒本部が設置されます。 ●津波や崖崩れの危険地域からの住民避難や交通規制の実施、百貨店等の営業中止などの対策が実施されます。 住民の方は、テレビ・ラジオ等の情報に注意し、東海地震の発生に十分警戒して、「警戒宣言」及び自治体等の防災計画に従って行動して下さい。

各情報発表後、東海地震発生のおそれがなくなったと判断された場合は、その旨が各情報で発表されます。

図4-10　**東海地震に関する情報**（気象庁資料）

報道を聞き逃さないようにしつつも、平常どおり過ごす。

「東海地震注意情報」…観測された現象が前兆現象である可能性が高まった場合。二カ所の歪計で有意な変化が観測された場合で、前兆すべりによる変化と考えても矛盾がないと認められた場合、「前兆現象である可能性が高まった」という内容で発表される。それを受けて、政府としての準備行動開始のための意思決定が公表される。住民は、政府からの呼び掛けや、予め自治体等が定める防災計画に従って行動する。

「東海地震予知情報」…東海地震の発生のおそれがあると判断した場合。三カ所以上の歪計で有意な変化が観測された場合で、前兆すべりによる変化と認められた場合、「東海地震が発生するおそれがある」という内容で発表される。この場合、ほぼ同時に内閣総理大臣から警戒宣言が発表されるので、「警戒宣言」や、予め自治体等が定める防災計画に従って行動する。

右記では、歪計のデータのみで判断されているように書かれているが、他の地殻変動データ（地面の上下や傾斜）、地下水データ、地震活動データも総合的に調べて、判断が下されることになっている。

これらの情報が発表された後、東海地震につながるおそれがなくなったと判断された場合には、安心情報である旨を明記した東海地震観測情報、ないしは東海地震注意情報または東海地震予知情報の「解除」という形で情報発表を行う。また前提となるシナリオ通りに事態が進行しなかった場合、たとえば前兆現象がまったく検出できなかった場合や、事態の進行があまりにも速かった場合などは、これらの予知情報が出ないまま、東海地震が発生することも考えられる。

ここで本質的に重要なのは、情報が出る出ないということよりも、このような情報を出すための監視作業が日々続けられていることと、その対応が準備されているという事実であろう。繰り返すが、現在の東海地震予知の原理は、単にやみくもに何かを観測をして、何だかよくわからないがいつもと違うことがあるといって大騒ぎになる…ということをやっているわけではない。前述のような精密な観測を行い、背景となるモデル（前兆すべりモデル）によって説明できるデータの変化がないかどうかを監視する、というプロセスを経ていることが重要なのである。

そういう意味で、「これだけの精度でデータを監視しているが、現在何も妙なことは起こっていません」と言い続けられることが大切なのである。そしてこれは夢物語ではなく、現在毎日、実際に実行されているのである。

そもそも地震予知は可能か

ここで「そもそも地震予知は可能なのか？」という問いを改めて考えてみよう。ふりかえると、一

コラム⑨●大規模地震対策特別措置法
――え？ 新幹線は動かないの？

法律がないと地震予知情報を出しても社会は対応できないと述べたが、東海地震の地震予知関連の法律とは何かというと、それは「大規模地震対策特別措置法（昭和五三年六月一五日法律第七三号）」（以下、大震法）と呼ばれるものである。東海地震の発生が逼迫しているとする学説をもとに作られた画期的な、あるいは当時の科学的知識では若干背伸びをした法律と言えよう。

現在の科学的知識のレベルから考えても、前兆現象が明確に現れることは完全に保証されていないわけだから、地震予知情報をもとに警戒宣言が出るということを前提とした法律は廃止すべきという意見がある。しかし、この意見は、大震法が地震予知ができることを前提としているという誤解から生じている。当時も、そして今も、確実に予知できることを前提に大震法を作ったというものではない。東海地震が予知できる可能性がまったくないと考える学者はほとんどいない。少しでも予知できる可能性があるならば組織的に対応しようという法律なのである。地震予知が単に地震の発生をあてることにとどまらず、基礎科学から社会への適用までを取り扱う総合科学であることを思い出させる意味で、この法律は現在においても大変意義深いものである。

気象庁から東海地震の「東海地震予知情報」がもたらされて、内閣総理大臣が「警戒宣言」を発令すると何が行われるのだろうか？ 東海地震による地震防災対策強化地域に指定されている地域（図）では表のような行動が求められる。

警戒宣言が出たら出たで非常に大変ということがおわかりになるだろう。

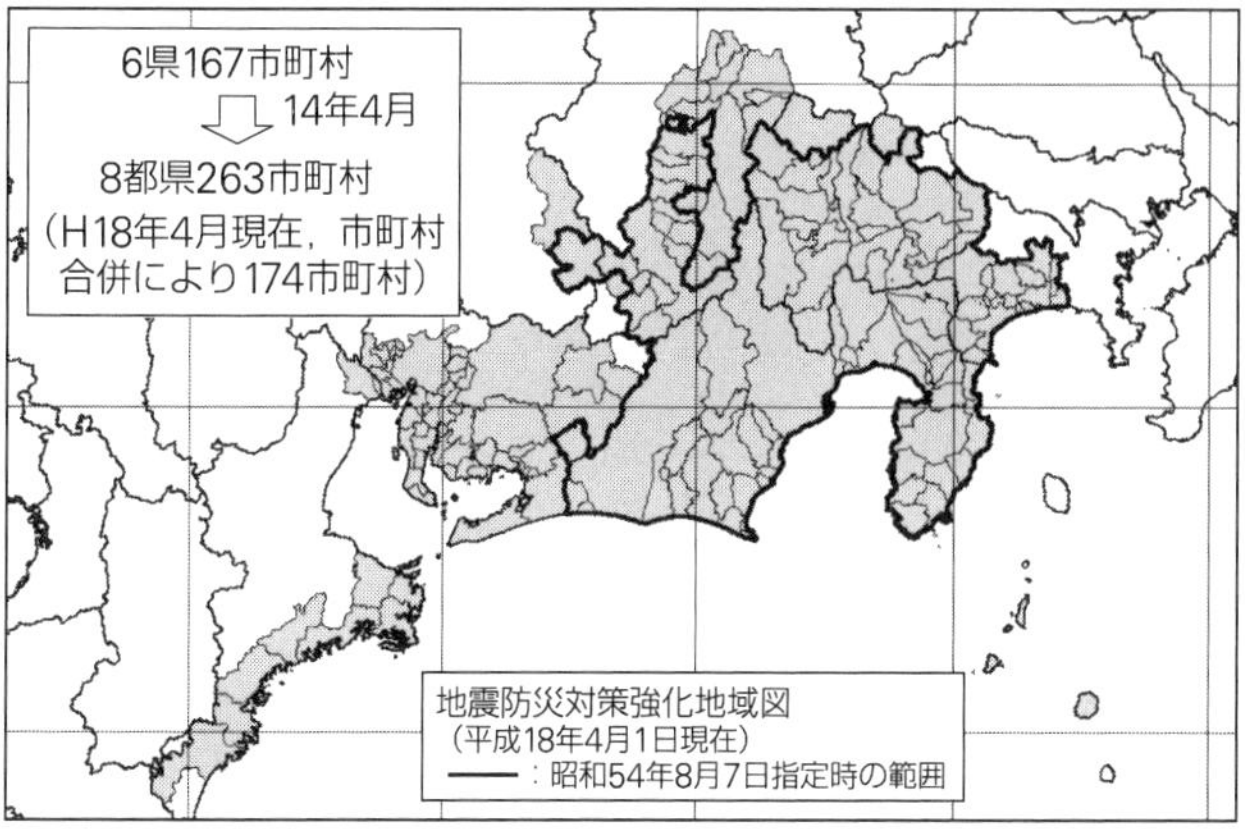

図　東海地震の防災対策強化地域（中央防災会議ホームページ）

表　東海地震にかかわる警戒宣言時の対応一覧（抜粋）

項　　目	地震防災強化計画や応急計画等で具体的に示されている対応
避難	・避難対象者等があらかじめ指定されている避難地へ避難
ライフライン	・飲料水，電気：供給継続
	・ガス：使用に支障をきたさない範囲で減圧措置
電話	・一般の利用を制御，利用者に対して協力要請
JR，私鉄	・強化地域内の在来線・新幹線ともに最寄りの安全な駅に停車
	・強化地域の周辺地域では，在来線で一部徐行運転
バス，タクシー	・強化地域内で運行を中止
船舶	・津波の影響がある強化地域周辺海域で運行を中止
一般道路	・強化地域内への流入を極力制限
	・強化地域外への流出は原則として制限なし
	・強化地域内の主要道路では走行を極力抑制
金融機関	・オンライン稼働を除いて，営業を停止
百貨店	・営業を停止し，買い物客を外に誘導
病院	・外来診療を中止
劇場	・営業を停止し，客を外に誘導
学校，幼稚園	・状況に応じて保護者に引き渡し

九六二年に研究者有志の手で発表された地震予知ブループリント（2章）は、地震予知の可能性を確かめるために必要な観測網についての提言であった。さらにさかのぼって一八九二年に発足した震災予防調査会（2章）の基本的な研究課題の一つは、地震予知の可能性を調べることだった。日本の地震予知研究は「そもそも地震予知は可能か」という問いに対し、できるだけ正確に答えるための闘いだったといえるかもしれない。

では、今、この問いにどのように答えられるだろうか。その場所で発生する最大級の地震（日本の内陸ではマグニチュード七程度以上、沈み込むプレート境界ではマグニチュード七・五から八程度以上）についての長期予知は原理的に可能で、前述のようにすでに長期評価として実施されている。ただし、内陸で発生する地震のうち、地表に食い違い（断層）などの地形変化を残さない規模の地震については、長期予知すら困難である。「いつ起きてもおかしくない」状態を予測する中期予知も、少なくともプレート境界の地震については原理的に可能と言えるところまできており、実現に必要な観測データやシミュレーション手法の研究が進められている。一方、前兆現象に基づく直前予知は、前兆すべりの発生が理論的に期待されるが、それが観測可能な規模の場合に限り可能と言えるというのが、現時点での答えである。

長期予知が原理的に可能と言えるのは、さまざまな大地震の過去の履歴を調べてきた結果、ランダムに地震が起きるモデルよりも、ある程度の間隔を置いて繰り返し起きるというモデルの方が妥当だと言えるからである。地表に地形変化を残さない規模の内陸地震を長期評価することが困難なのは、断層が地表に達しないために過去の地震の履歴を知ることができないためである。繰り返し間隔の比較的短いプレート境界では、これまで蓄積されてきた地震観測データを使って、最近起きた地震と過去にほぼ同じ場所で起きた地震とを比較することができるようになってきた。その結果、地震の時に大きくすべった場所が一致していたことが、いくつかの地震で確認された。地震の時に大きくすべる場所が決まっていて、そこでゆっくりとした応力の増加により地震発生の準備が進み、地震発生にいたるというアスペリティモデルの妥当性が裏付けられつつある。

このモデルが一連の方程式で記述され、数値シミュレーションを行うことが可能であることから、中期予知が原理的に可能だと言えるようになった。このモデルの中で、断層の性質を表す法則（摩擦法則）は岩石の摩擦すべり実験に基づいている。岩石実験では地震に相当する高速なすべりの直前に、ゆっくりとしたすべり（前兆すべり）が起こる。数値シミュレーションでも前兆すべりは再現されるが、それが観測可能な規模かどうかは条件によって異なる。そのため、前兆すべりに基づく直前予知は条件付きで可能ということになる。前兆すべり以外にも、電磁気学的な前兆現象などについての研究も行われているが、まだしくみを含めてよくわかっていない。一方、内陸地震については、プレート境界地震におけるアスペリティモデルに対応する地震の原因についてのモデルを研究している段階であり、中期予知が可能かどうかを議論できる状況ではない。

このように「そもそも地震予知は可能か」という問いには、プレート境界の大地震の長・中期予知や内陸活断層での長期予知等、予知の対象や期間を限定すれば、「かなりの程度は可能である」と答

コラム⑩●地震予知を探究する学問を表す単語はない？

われわれは何気なく地震予知という言葉を使っているが、不思議なことに地震予知を探究する学問を表す単語はない。本書で扱っている学問分野は狭義の地震学のみならず、測地学、摩擦力学、破壊力学、物性物理学、岩石学、地質学、構造地質学（プレートテクトニクス論）、電磁気学、シミュレーション工学…等、実に幅広いものである。このような幅広い分野を総合的に取り扱い、研究開発を進めていかなければならないという意味では、「地震予知学」という用語がイメージと合うと思う。

また、われわれが地震予知を行う目的は、地震による被害を軽減することが目的であるから、地震予知にはより実用的な防災工学や心理学、情報認識論等をも含む必要がある。さらに厳密に言えば、「地震予知」という用語は「地震発生を予め知る」ということしか示していない。当てたらその後はどうするか？ということまで研究しなければ、真の防災に役立つ科学とはならない。また、地震予知という語感が持つ時間スケールは意外に幅広く、社会の側は足元がゆれるのが明日なのか、半年後なのか？ということを知りたいにもかかわらず、科学の側が提示するのが百年、あるいは千年単位での予測だったりする場合がある。

地震予知を探究する学問分野を表す「地震予知学」という用語では、まだそのあたりの感覚を十分表現できていないように思える。たとえば、地震の発生後の災害までを一続きのものとして取り扱う概念や、社会が地震予知に対して期待する生活に密着した時間感覚の概念を含むような便利な用語は、未だに産み出されていない。強いてあげるなら、流体力学や気候学、大気電気学、気象化学などの総称として気象学があるように、「地象学」という用語があげられるかもしれない。

えられるところまできた。地震が発生する場所と規模に関しては、ほぼ実用的な予測はできている。その場所でその規模の地震が「いつ」発生するか？という問いに関しては、すでに実現している長期予知の場合で地震発生間隔の数割程度の誤差がある。過去の地震発生の履歴をより正確に求めることで誤差を少しでも減らすことと同時に、中期予知によって精度の向上を図ることが課題である。直前予知については、前兆すべりの観測精度を高めることと、前兆すべり以外で地震発生直前であることを示す現象を見出し、そのための観測手法を開発することが当面の課題である。

4—緊急地震速報という試み——科学を防災に用いるということ①

東海地震予知の枠組みである大震法が作られてから三〇年近く、幸いなことに、大地震に結びつくような前兆すべりは検出されていない。しかし、一度も経験をしていないが故に、科学者のいう地震予知にいたるシナリオにいま一つ説得力がないと感じる読者も多いと思う。極端な意見では、難しい地震予知よりも手っ取り早く耐震工学のみにお金をかければよいという議論すらある。

しかし、「地震予知が無理なら、あとはいきなり強いゆれに襲われるのを待つだけ」と諦める前に、地震学を用いればまだやれることは残っている。それが二〇〇六年八月から、気象庁が先行的な配信を開始した「緊急地震速報」である［注］。

緊急地震速報のしくみ

読者の皆さんは地震のゆれに遭遇したとき、最初にガタガタとした縦ゆれを感じ、しばらくしてゆさゆさと大きくゆれる横ゆれを感じた経験があるのではないだろうか。これは地殻（固体）中を伝わる地震波には、伝わる速度が相対的に速いP波（六・〇km／秒前後）と遅いS波（三・五km／秒前後）の二つがあるからである。実際に地震災害を引き起こすのは、ほとんどがS波やそのあとに続く表面波であるが、最初に届くP波を解析することによって、これからどのような振幅のS波が来るかを知ることができる。これを瞬時に伝わる電気信号、つまり通信ネットワークによってゆれの予測情報として伝えれば、S波が伝播してきて強くゆれる前に、これから強くゆれることをある場所に知らせることが可能である。

緊急地震速報の処理の流れを簡単に示したものが図4-11である。いずれか一つの地震観測点にP波が届くやいなや、地震波の形状から、震央までの距離や方位を推定する。その後、地震波を検出した観測点が増えるにつれて、順次手法を切り替えつつ、複数の地震計による震源決定を行う。一方、時々刻々と変化する最大振幅からマグニチュードが一秒ごとに再計算される。

次に推定された震源とマグニチュードから、震度の予測を行う。マグニチュードや予測した震度が基準を超えるやいなや、緊急地震速報は発表される。ある観測点で地震波を観測してから情報を発表するまで、最も早ければ一～数秒である。もはやその処理に人間は介在できない。ここまで最新の地

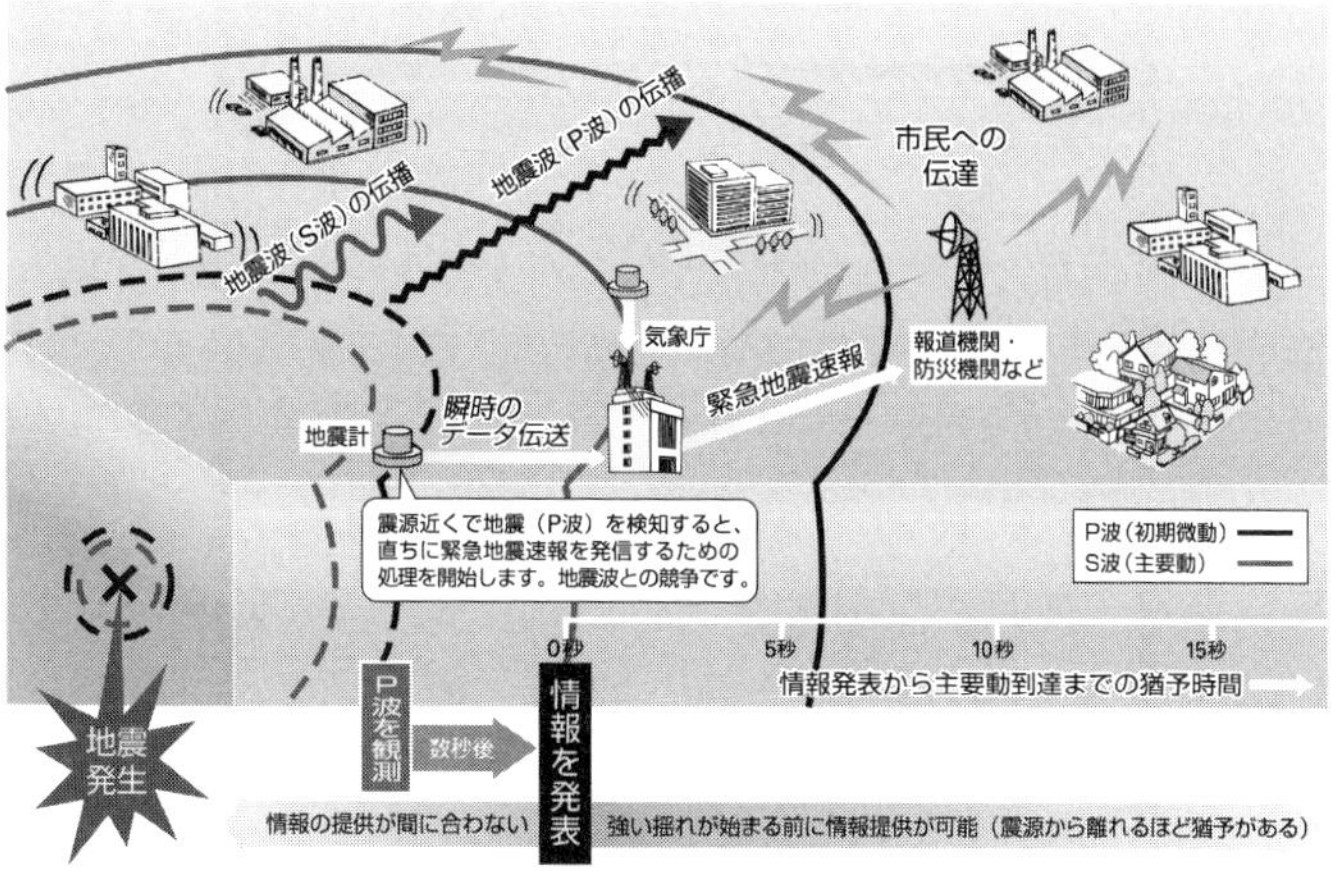

図4-11 P波を捉えることで，S波がこれから来ることを知る（気象庁パンフレットより）
被害を生じさせる主要動（S波到着後のゆれ）よりも，初期微動（P波）は伝わる速度が速い．通信（電気信号）はもっと速い．

震学の研究成果と最新の通信技術を応用すると、猶予時間は非常にわずかかもしれないが、地震波の伝播より早く、これからゆれる地域に対して情報を出すことが可能となるのだ（図4-12）。

もちろん、仮に震源が読者の真下にあり、足下で断層がずれ始めるような地震であったなら、この情報は強いゆれと同時か、ゆれよりも遅く届くことになる。しかし、関東地震や十勝沖地震、東海地震、東南海地震、南海地震などのように海域で発生する地震の場合、あるいは陸域の地震でも震源から二〇kmほど離れた場所にいる場合には、強くゆれる直前～数十秒前に、「これから強くゆれますよ」と教えてもらえる

［注］ 緊急地震速報に関する技術開発は、気象庁、鉄道総合技術研究所、防災科学技術研究所によって行われた。

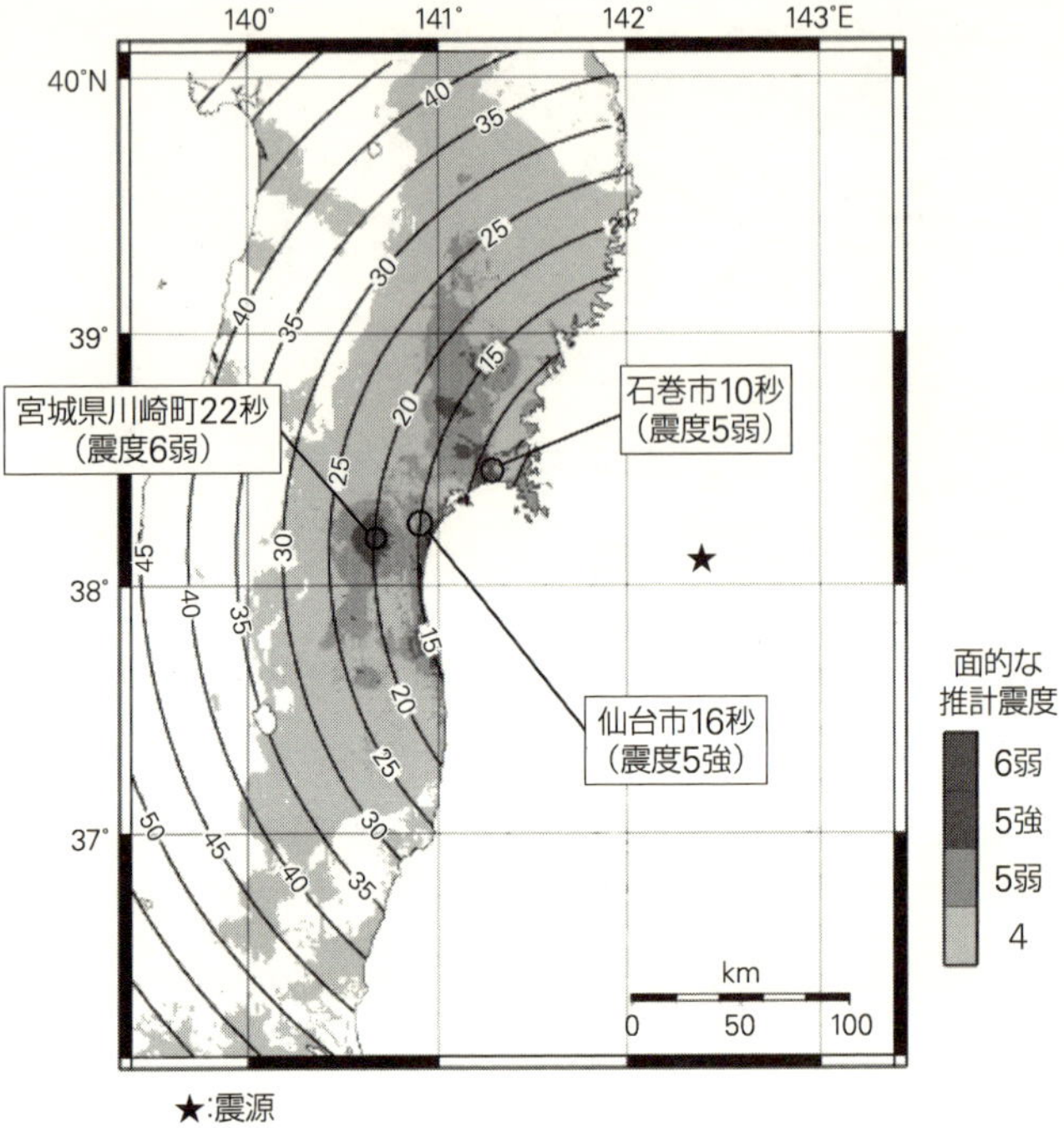

図 4-12　2005 年宮城県沖の地震（深さ 42 km，M 7.2）における緊急地震速報の例（気象庁資料）

円弧の数字は緊急地震速報提供（2005 年 8 月 16 日 11 時 46 分 45.1 秒）から S 波到達までの時間（秒），つまりゆれますよと言われてから実際に強くゆれるまでの猶予時間を示す．

のである。

　地震災害の恐ろしい点の一つは、それが突然やってくることであるわけで、もし一秒でも二秒でも前にわかれば、少なくとも身構えることぐらいは可能かもしれない。数秒の余裕があれば、たとえば電車のブレーキをかける、机の下にもぐる、手術室でメスを置いて手術台を押さえる、などの対策がとれるかもしれない。地震の強いゆれに対して何らかの対策を講ずることができる可能性がある。

緊急地震速報をどのように受け入れるか

緊急地震速報に含まれる情報内容は、震源、マグニチュード、震度など、従来の地震情報と一見変わらないため、「震度など教えてくれる内容は同じで、単に情報伝達が早くなるだけじゃないの？」と認識されてしまうことがあるが、これはまったくの間違いである。ふだんテレビなどで報道される地震速報は、震度が発表されるまで数分程度時間がかかる。これは発表される震度がゆれた後の観測情報だからである。緊急地震速報は、単に震度情報の提供が早くなったわけではなく、ゆれる前の「予測」情報なのである。

その一方で、緊急地震速報は、情報を限界まで早く伝えるために、ゆれた後の地震情報とは本質的な違いがある。それは、地震は大きくなればなるほど断層の面積が広くなるため、ずれ始めてからずれ終わるまでにかなりの時間がかかることに起因する。

もしもし！これから強くゆれますよ！

ゆれを予測することの本質＝「震度７でゆれるでしょう」と言われるか，「震度７でゆれました」と言われるか，の差は？

緊急地震速報は、震源に最も近い観測点でＰ波を検知後、一～五秒程度で第一報を発信する。マグニチュードが四程度の地震では、この時点で断層でのずれが終了しているので、第一報での情報内容と精査した内容が大きくずれることはない。しかし、マグニチュードが八クラスの地震では、断層のずれが終了するまでに六〇秒前後かかる。マグニチュード九クラスの地震にいたっては六〇〇秒ほど、つまり一〇分前後かかる。

つまり、大きい地震の場合の緊急地震速報は、断層がずれている途中で、その時点までにわかった事実を元に、予測情報を出していることになる。したがって、速報されるマグニチュードも次第に大きくなる。二〇〇六年版の映画『日本沈没』の一場面で緊急地震速報が使われていて、「マグニチュードは…七・〇…七・四…なおも増大中！」というセリフがあるが、断層がずれている途中での速報は、たぶんこのようになってしまうだろう。

二〇〇六年八月から、この「緊急地震速報」は、情報がゆれに間に合わない場合があるという科学技術的な限界や、情報の持つ予測誤差・誤報によるデメリットよりも、ゆれの事前報知によるメリットの方が大きいと考えられる利用者に対して、先行的に配信が始められている。現時点では、地震のゆれが来る前に列車を止めることで安全を確保する鉄道会社、ゆれによる生産ラインへの経済的損害を最小限にとどめたい製造業、危険な作業を行っている工事現場などに情報が配信されている。それと同時に、緊急地震速報を混乱なく一般社会に役立てるためには、どのような発信手法が望ましいかなどの議論が進められている。近い将来にはテレビやコンピュータの端末で緊急地震速報を受信してゆれに備えることも、ごく一般的にできるようになるだろう。

近年、大きな地震の際に、高層ビルが長い周期でゆれることによって被害が生じる長周期地震動への対策が叫ばれている。長周期地震動によってビルがゆれ始めるまでには、S波が届いてからさらに何秒かかかることを考えれば、緊急地震速報を適切に使うことによって、地震災害を軽減する手段をわれわれは手にしつつあると言えよう。

コラム⑪●世界の緊急地震速報

緊急地震速報のアイデア、つまり、「地震波を検知して強いゆれを予測し、地震波と電気信号の伝播速度の差を利用して伝達し、強いゆれの到来を予め知らせることによって地震災害を軽減する」という概念自体は、実は古くから存在する。

アメリカのカリフォルニアでは一八六八年に、地震で強くゆれたことをいち早くとらえて電信でサンフランシスコに送り、市民ホールの鐘を鳴らして警戒を呼びかけるというしくみについてのアイデアが新聞に掲載されている。

実用的なシステムとしてはメキシコのSASシステムが有名である。一九八五年のメキシコ地震によって、首都のメキシコシティでは大きな被害が出た。そこで、メキシコシティから約二〇〇㎞離れた海岸線に地震計を設置して地震波を捉え、電気信号でメキシコシティに知らせるシステムSASが構築された。

日本においても、相模湾に海底地震計を設置し、そこで捉えた地震波から東京に地震の発生を伝える「一〇秒前警報システム」のアイデアが一九七二年に提案されている。また、高速で運転される新幹線の地震時の減速や停止を目指したユレダスは、この種のコンセプトとしては世界初の実用システムといえる。

実は不思議なことに、地震学の基礎科学分野では、このようなシステム開発は大々的に行われてきたわけではない。というのは、震源を求めること自体はすでに明治のころから研究されてきたことであり、それを多少素早く実行したところで、「新しい科学」にはなりえないと思われてきた。科学としてはとっくの昔に解明されていても、それを社会に適用しようとすると、実際には一〇年、二〇年と時間がかかるわけである。科学は「生《ナマ》」ではなかなか社会に適用できないことが多いのだ。

5──津波予報、その世界に冠たる技術──科学を防災に用いるということ②

防災技術として確立された津波予報システム

二〇〇四年一二月二六日、スマトラ沖での巨大地震の発生と、それに伴う大津波による想像を絶する災害は記憶に新しい（写真4-1）。この地震は、米国地質調査所の解析ではマグニチュード九・一となっているが、その後の研究で明らかになった断層の長さやすべり量から計算すると、マグニチュード九・三程度の超巨大地震であったことが明らかになっている。この地震によって、インド洋にも津波警報システムが必要であることが世界的に認識されたが、その後の国際的な会議や協力などで改めて脚光を浴びているのは日本の津波予報システムなのである。

津波は、地震の断層運動に伴う海底の地殻変動や、海底あるいは海岸付近での大規模な土砂崩れ、隕石の衝突等により、水塊が急激かつ大規模に移動することで発生する、波長の長い（数十キロメートル以上）海水の波動現象である。日本に住んでいると、津波予報はあたりまえのサービスと思われがちであるが、実は、地震観測から津波予報を行い、かつそれが直ちに全国民に伝達されるような総合的なシステムを持っているのは、世界の中で日本とハワイぐらいである。科学技術的手法ばかりで

写真 4-1　2004 年スマトラ地震津波で破壊されたインドネシアのスマトラ島最北西部バンダアチェの街（東京大学都司嘉宣氏撮影）

はなく、全国に張り巡らせた地震観測網の保守や、昼夜二交替で監視する職員の配置、法整備など、ふだんは見えてこない部分にも努力が払われている。それでようやく「あたりまえ」の状況が形作られているのである。これまで日本沿岸において繰り返されてきた度重なる津波災害の犠牲の上に、日本の津波予報システムは構築されてきたのである。

地震予知の話をしているのに、すでに確立された津波予報の話をするのはおかしいのではないかと思われる読者もいらっしゃるかもしれない。しかし、科学を防災に役立てるという意味で、これほど教科書的な例はない。直接の関連はなくとも、おそらく地震予知も科学技術として社会に適用するためには、津波予報と同様、広義の「システム」を構築する道を歩まざるを得ないだろう。次に述べることは、これが地震予知だったら？ということを常に考えながら読んでいただければ幸いである。

そもそもなぜ津波予報が防災技術として確立してきたかを考えると、

・津波は前述のようにさまざまな理由で発生するが、最も頻度が高いのは地震発生に伴う津波である。

・津波は水深の深い外洋では、ジェット機なみのスピードで伝播する。しかし、地震波の伝播速度の方が、津波よりもさらに数十倍速い。つまり、震源で発生した断層のずれを地震波によって精度よく捉え、津波の発生可能性を伝えれば、その後に起こる津波災害を予測、報知することができる。

ということに加え、

・津波の伝搬（津波の高さ、到達予想時刻）は、海底地形だけで決まるので、初期の海面変動さえ与えれば、数値計算により予測可能である。

・初期の海面変動は、地震の断層運動が推定できれば予測可能である。

ということが科学的に確立されているという理由があるからである。

津波予報のしくみ

日本では気象庁が、地震とそれに伴う津波の発生を二四時間体制で休みなく監視する業務を担っている。いずれかの観測点で地震波が検出された後、複数の観測点のデータによって震源、およびマグニチュードが推定される。震源が海底下の浅い領域で、かつマグニチュードが五・五を超えると推定されると、あらかじめ約一〇万通りの数値シミュレーションを実行して作っておいた津波データベー

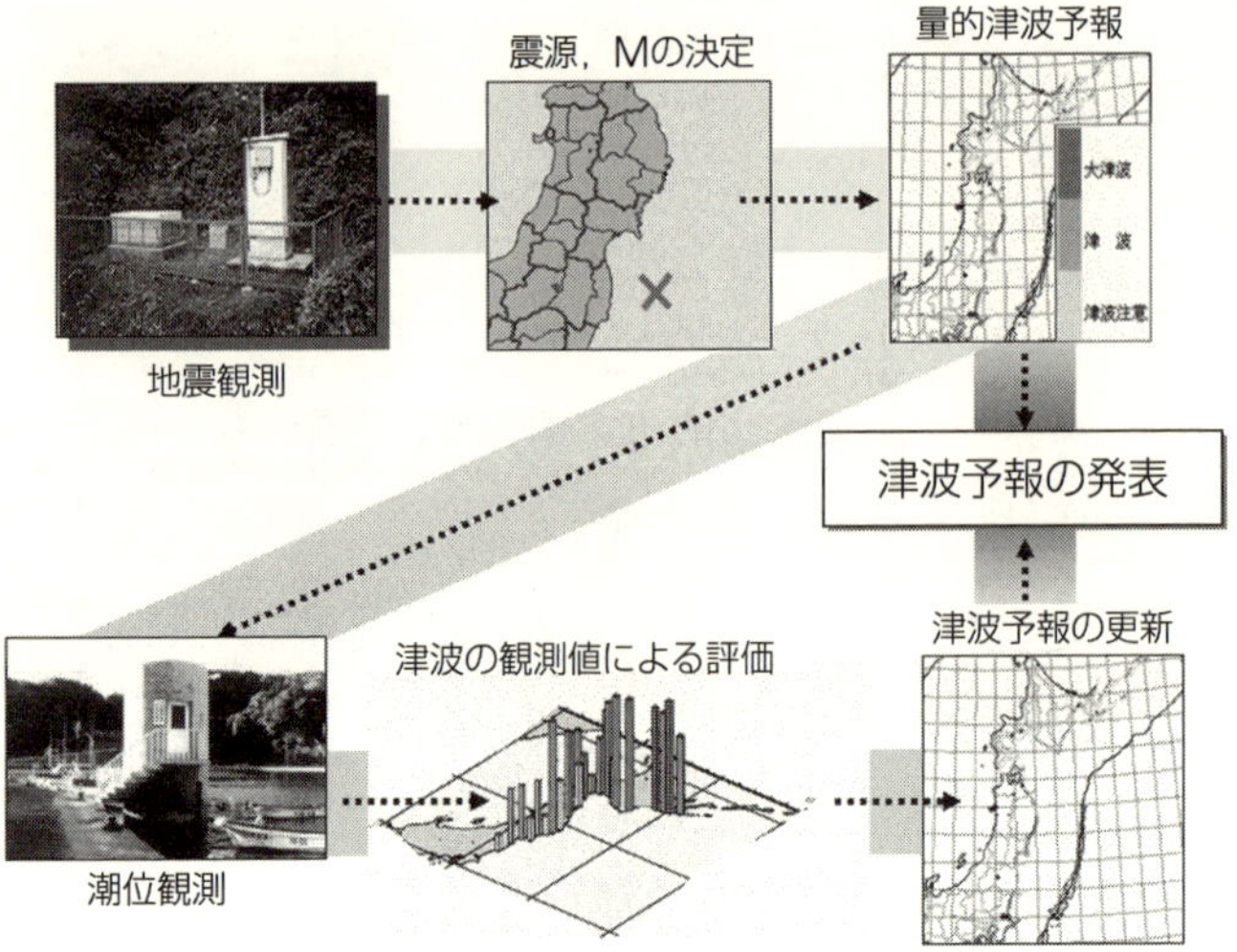

図 4-13　津波予報作業の流れ

スから最も条件に近い結果を検索し、津波発生可能性を評価する。もし津波が沿岸に到達する結果が得られれば、該当する地域に津波予報を発表する。これが現在の津波予報のしくみである。その後、潮位計で観測された実際の津波の高さをもとに、津波予報の変更（注意報、警報の切り替え）や解除などを行う(図4-13)。

陸地近くで発生した津波は、地震波より伝播速度が遅いとはいえ、わずかな時間で海岸を襲う。一九八三年の日本海中部地震に伴う津波は七分ほどで、また一九九三年の北海道南西沖地震に伴う津波は、奥尻島に三分ほどで到達した。そうすると、いきおい津波予報を発表するまでの時間を短縮することが期待される。現在は、地震波の検出から津波予報の発表まで、最速二分（地震の震源と観測網の位置関係による）を目標として作業が行われている。津波予報を業務的に開始した当初

(一九五〇年代)は、予報を発表するまで二〇分以上の時間がかかっていた。

津波予報の二律背反

ただし、この二分という時間はそろそろ科学的な限界に達しつつある。緊急地震速報の項でも述べたとおり、二〇〇四年に起きたスマトラ沖地震のようなマグニチュード九程度の地震になると、その断層は数百秒かけてずれるからである。マグニチュードは、断層がずれることによって放出される地震波形全体から推定されるわけで、もし二分(＝一二〇秒)で津波予報を出すとするなら、マグニチュードを過小評価する可能性がある。マグニチュードを正確に出そうとして情報発表に時間をかければ、避難に必要な時間がなくなってしまう。現在、断層が何百キロメートルずれようが、テレビ等では震源(＝断層のずれはじめの位置)は×印で示され、マグニチュード八の地震でも一瞬でずれが起こったように見えるが、実際にはそうではないのである(図4-14)。

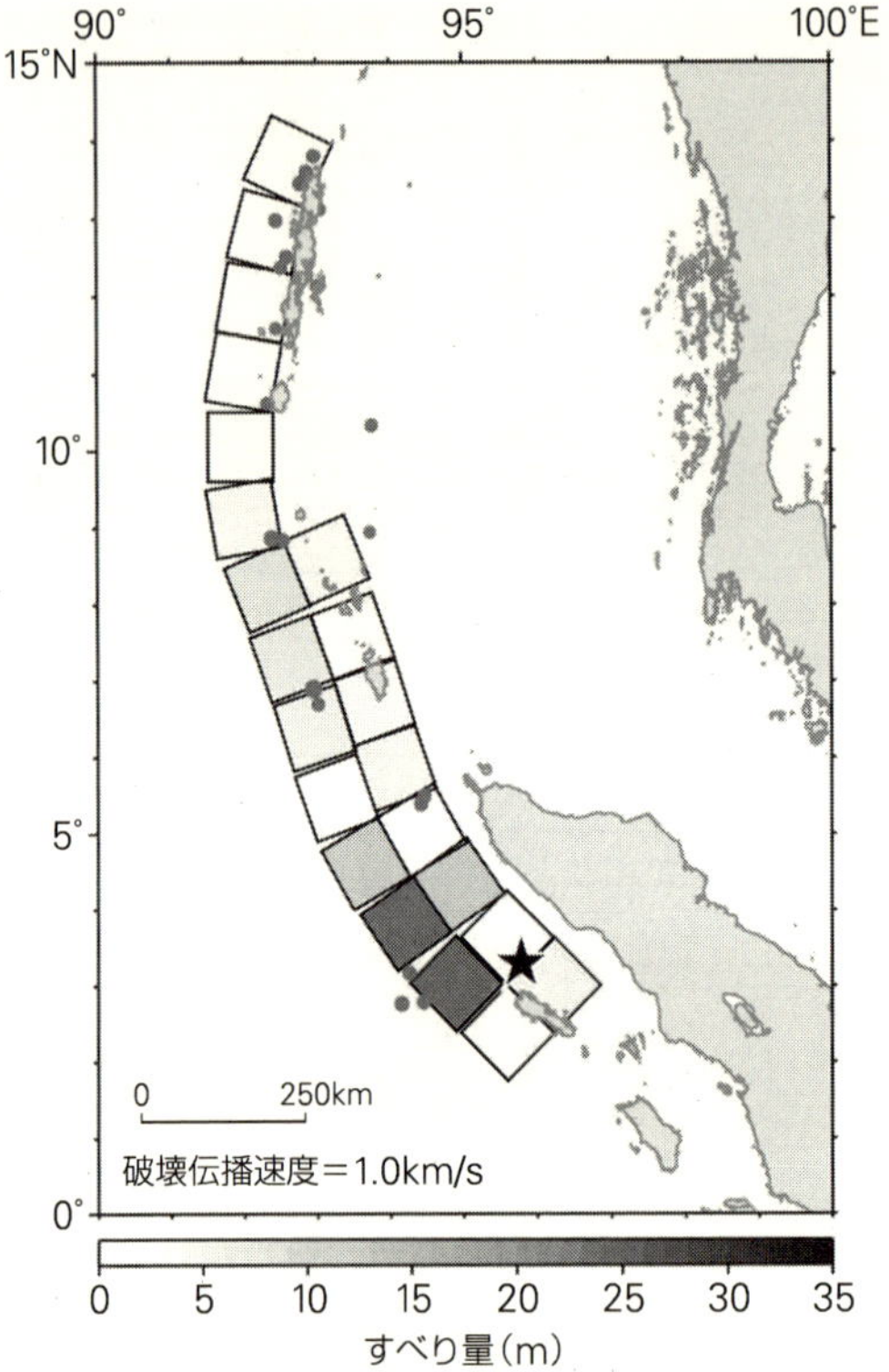

図 4-14　津波計や人工衛星で測定した波高のデータをもとに再現したスマトラ沖の地震によるすべり分布（Fujii and Satake, 2007 を改変）

断層を小さな正方形の領域に分け，それぞれの領域でのすべりを推定したもの．星印は震央．すべりは震央から北へ秒速 1.0 km で広がった．

コラム⑫●地震・火山現業室

気象庁に「地震・火山現業室」という部屋がある。本庁（東京）を例にとると、平成一八年九月現在、ここでは六人の作業者が昼夜二交代、二四時間体制で日本および世界で発生する地震や、津波、火山活動、東海地域周辺の地殻変動などを監視している（写真）。地震時によく見るテレビの速報のテロップは、この現業室で作成されたさまざまな情報を基にして作られているのだ。

日頃、この部屋で実際に行われている作業をご紹介しよう。日本とその周辺で、ある規模以上の地震が起きると、おおよそ数秒以内に自動処理にて「緊急地震速報」が発信される。作業者はこの自動処理がノイズ等による誤作動でないことを確認しつつ、震源・マグニチュード決定を手作業でも並行して行う。その結果、震源の深さが浅く、かつ海底であり、マグニチュードが五・五を超えた場合には、津波発生の予測をデータベース検索によって行う。津波の発生が予測されたときには、津波予報の発表を行う。観測網と震源の位置関係が良い場合、最も震源に近い地震計において地震波を検出後、二分以内を目標として津波予報は行われる。震源が沿岸から遠く離れた場所だったり、地震波形が通常とは異なる特徴を持っていたりすると、もう少し時間をかけて地震波形を精査する場合がある。地震波の到着と同時に計測震度計からの観測値も入電してくるので、各地の震度について情報を発信する。津波予報発表中は、沿岸各地の潮位計によって津波の高さの観測を行い、津波予報の変更や解除の見極めなどを行う。

日本とその周辺での有感地震（震度一以上）は年間二〇〇〇回程度なので、有感地震が起きていないときには、無感地震（ゆれを感じない小さな地震）の震源やマグニチュードを決定したり、発生が想定される東海地震の震源域周辺で前兆すべ

写真　気象庁の地震・火山現業室

りが発生していないかどうか地殻歪や傾斜等を監視したり、あるいは活動的な火山で何か観測値に異常な変化がないかを監視したりする。気象と違って現象そのもの、あるいは観測値の変化量はふだん非常に小さい。しかし、いったん変化が始まると、その変化量は大きく、かつ急激に変化するので、これらの作業はさまざまな知識と瞬間的な判断力、決断力、そして緊張感が求められる。

ちなみに現業室で観測されたさまざまな値は、早い場合は直ちに、遅くとも月単位では何らかの報告がなされると考えてよい。よく「気象庁は異常現象を捉えても、社会の混乱を恐れて情報を発表しないのだ」と書かれたり、親戚や知人などから「地震が起こる前に私だけには教えてね」などと言われたりすることがあるが、そのようなことはありえない。観測値に何らかの異常が見つかれば、気象庁は社会に対して情報を報知するのである。

コラム⑬●日本人はマニアック!?

以前、読んだ本に次のような話があった。ある国の鉄道技術者が会議で来日した。日本の技術者は、彼らを新幹線に乗車させ、「ある駅の通過時刻を、秒針を見ながら確認するよう」に言う。はたして新幹線は駅を秒単位の正確さで定時に通過する。鼻を膨らませつつ「すばらしい技術だ!」という感想が聞けることを期待していた日本の技術者の前で発せられたのは、彼らの「crazy enough…」というつぶやきだったという。

それはともかく、「この列車は定刻より二分少々遅れて終着駅に到着します。お急ぎのところ大変申し訳ございません」というアナウンスを聞いたことがある方は多いのではないだろうか。列車が定時に運行されることがあたりまえという文化。これと同じようなことが地震に関する情報にも存在する。

先年、アメリカで開催された、さるワークショップに参加したが、通して聞いていると何だか変。そう、どの講演もわれわれの知っている以上のことは話さないのである。そのときあらためて実感したのは、日本の地震活動監視技術や情報発信技術、そしてそれを当然と考えている訓練された国民までのすべてを「システム」と呼ぶことが許されれば、実はそれは世界に比肩する例がないということである。それはそうかもしれない。国単位で見ると、地震活動が高く、かつ人口が集中し、かつ経済活動が高いという条件が重なっている地域は、世界でもそれほどは多くないのである。つまり、われわれの科学技術が世界をリードしているという現状は、われわれが優れているというよりは、必要に迫られて高度化せざるを得ないという一面があるのだろう。

ところが、日本に帰ってくるとその高揚感はどこへやら、われわれはたちまちいつもの世界に引き戻される。テレビから地震や津波情報がごく「あたりまえ」のように速報され、情報が数分遅れたり、どこかの震度計のデータが数分でも入電が遅れると、マスコミ総出で非難の嵐が起こる。群発地震や余震の終息日を「宣言」しなければならない。うーむ、なんで日本って高精度とか精密ということが好きなんでしょ?

これはたぶんに、明治以来、生活が科学技術によって急激に近代化し、その恩恵を享受したことによる「科学技術への信奉」を、近代日本社会が持っていることによるのであろう。今や天気、病気の治癒可能性や死期、さまざまな計画の実現性までもが、同じ「%という確率」という一律の指標上での予測、評価を要求される。逆説かもしれないが、日本のように高度な地震活動監視技術や情報発信技術、地震予知研究が成立しているのは、このような国民性や長年にわたる「(意図しない)訓練」によるのだろう。緊急地震速報や津波予報は、新幹線を定時運行をするがごとき正確さを、長い時間スケールの自然現象の予測にも求める国民性のなせる技なのかもしれない。

5―地震予知のこれから

「地震予報の時間です」

「地震予報の時間です」という地震予報士の声がテレビから流れ、一日の地震活動の解説がはじまる。通常はとくに気をとめるような内容ではないが、ときには、

「○○県沖のプレート境界の固着状態に変化がありました。深部低周波微動の活発化の他、電磁気や地下水の成分にも異常が確認されており、深さ二〇㎞に位置する想定○○地震のアスペリティで前兆すべりが発生しているものと思われます。

この前兆すべりが三六時間以内にマグニチュード七の地震まで発達する確率は七〇％、マグニチュード七・五の大きさの地震まで発達する確率は五〇％です。マグニチュード八以上の大きさまで発達

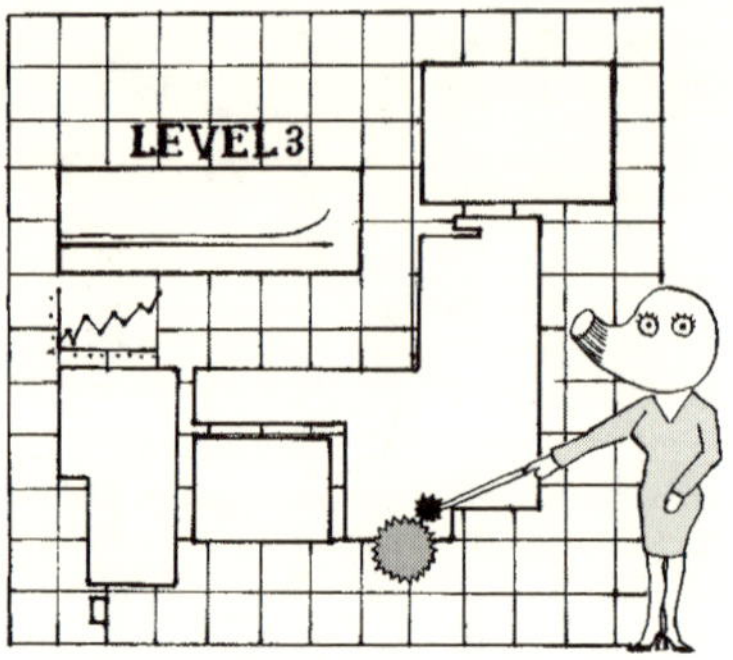

地震予報の時間です

するおそれはありません。
マグニチュード七・五の地震が発生すると、震度六強のゆれにみまわれる地域は××地方、震度六弱のゆれにみまわれる地域は△△地方です。また、マグニチュード七・五の地震が発生すると、○○地方沿岸部に□メートルの津波が来襲する可能性があります。
ひきつづき地殻活動の変化に注意してください」

と緊張した声で地震予報を伝える。

一方、その頃、気象庁が誇る地震予測システム「ゆれまっし」は時々刻々と入ってくるさまざまな観測データに基づき、モデルパラメータの修正、予測値の更新を繰り返し、地震予報官が「ゆれまっし」のモニター画面に映し出された前兆すべり域の大きさとその発達予測値を見ながら、次の発表内容の検討を行っている。

また、民間の地震予報サービス会社も、インターネットを通じて公開されている各種データや独自に収集しているデータを分析し、気象庁の発表内容を横目に見ながら、よりきめ細かい各地の震度予測情報・被害予測情報を顧客に提供している…。

このようなことは、現状ではまだ夢の段階である。しかし、一昔前なら夢物語であった科学技術を次々に現実化している人類は、地震予知研究の進展により、将来これを現実のものとするだろう。

また、ここまで本書を読んでいただけたなら、このような地震予知の実現へ向けて、地震予知に関わる研究が着実に前進していることが理解していただけたことと思う。では、この先地震予知はどのように実現していくのだろうか。また、地震予知はどのような方向に進むべきであろうか。地震予知研究が今後目指すべきことについて考えてみたい。

1―地震予知のこれから

地震学のあらゆる分野に大きな足跡を残し、世界の地震研究をリードし続けた安芸敬一（一九三〇～二〇〇五）は常々、地震予知をするためには経験則に頼るのではなく、物理モデルの構築と観測こそが重要であると主張していた。その安芸敬一の言葉に「未来を予測できないモデルはモデルではない」というものがある。

未来の予測という意味合いで、ここまで述べてきた長期・中期・直前予知の精度向上に向けた今後の課題について見ていこう。

今後の地震予知の課題

長期予知の精度向上

1章で、地震の長期予知は、政府の地震調査研究推進本部の地震の長期評価によって実現したと書いた。海溝沿いのプレート境界で発生する地震や、内陸活断層の地震については一通り長期予知がなされたわけであるが、いざ地震が起きてみると、想定と違うことがある。また既存の活断層がない場所で内陸地震が起きて、被害を出すこともある。

たとえば、二〇〇五年の八月一六日に宮城県沖のプレート境界で発生したマグニチュード七・二の地震は、まさに想定された場所で発生した地震であったが、想定された震源域の一部が破壊されただけであり、まだ半分以上の震源域が破壊されないで残っている。その後の詳細な調査の結果、この地域には三つのアスペリティがあり、それらが連動して破壊したものが、当初想定していた宮城県沖地震であることが判明した。二〇〇五年の地震は三つのアスペリティのうち一つが破壊したものに過ぎないことがわかったのである。また、東北から北海道の太平洋側のプレート境界では、過去の津波堆積物の調査によって、五〇〇年に一度程度の割合で、いくつかのアスペリティをまとめて破壊する超巨大地震が起きることもわかってきた。

このように、海溝で発生する地震については、アスペリティを単位として発生するものの、複数のアスペリティが連動して破壊するという現象がしばしば発生している。これは現在の長期評価で想定している地震像が、必ずしも実際の地震を反映していないことを表している。長期予知に関しては、アスペリティの分布や、アスペリティの連動破壊などの解明をより進めて、正確な地震像を作り上げ、それを長期予知のための統計モデルに反映させる必要があるだろう。

一方、発生履歴が明らかになっていない内陸地震については、現状では長期予知そのものが困難であり、調査を進める必要がある。

中期予知の実現と精度向上のための課題

地震や地殻変動の観測データと、コンピュータによるシミュレーションを結合して、将来の地震発生を定量的に予知することを、本書では中期予知と呼び、この一〇年で中期予知に関する技術が急速に向上したことを述べてきた。今後の課題はまずこの中期予知を実現することである。そのためには観測データとシミュレーションとを比較し、データに合うようなシミュレーションのパラメータ等を求めるシステムを作る必要がある。その上で、シミュレーションを実行して行った予測と実際の観測とのズレをシミュレーションモデルにフィードバックしたり、シミュレーションの誤差を小さくするための新たな観測をしたり、観測や実験、理論的な研究を通じてシミュレーションの元になるモデルを精緻化する。このような努力を継続的に続けていけば、将来は、文字通り「地震がいつ起きてもおかしくない」状態かどうかが高い精度でわかるようになるだろう。

しかし、それがどの程度の将来なのか。これは地震が目に見えない地下で発生している自然現象であるだけに、明快に答えることは難しい。最大の困難は、アスペリティがどの程度の応力によって壊れるか、言い換えればアスペリティの強度がわからないからである。現在、GPSなどの観測によって、アスペリティでの応力増加を時々刻々推定することができるようになった。また以前からの技術により、地震が発生したときにアスペリティにかかっている応力がどれだけ減少するかもわかる。しかし、まだ観測によって応力の増減を推定できるようになってから間もないため、あとどのくらい応力が高まったら地震が発生するかがわからないのである。

それを知るための最も簡単な方法は、次の地震発生を待つことである。アスペリティにかかる応力が徐々に高まっていき、地震が発生すれば、地震直前と直後でどれだけ応力が減少したかという応力差がわかる。そこで地震直後から応力増加のモニタリングを続けていけば、アスペリティにかかる応力が地震が発生したときの応力に近づいていく様子も明らかになるだろう。この段階までくれば、中期予知の精度が長期予知よりも十分高いものになると期待できる。このような中期予知の精度向上が最も早く実現するのは、地震発生間隔が数十年と比較的短く、ゆっくりすべりの状態がGPSや相似地震によって観測されている宮城県沖などの日本海溝沿いであろうと考えられている。

宮城県沖は地震発生間隔が短いが、もっと発生間隔が長い場所では、百年も千年も待たなければいけないのだろうか。現時点では、この問いに対する答えは用意できない。しかし、地震発生に関する物理・化学過程を実験や観測を動員して解明することによって、もっと短い時間で中期予知が実現できるかもしれない。

内陸地震の場合は、プレート境界でのアスペリティモデルにあたる地震の原因についてのモデルをまず構築することが課題であり、そのための研究が進められている。それと同時に、「地震がいつ起きてもおかしくない」状態が、どのような観測を行えば明らかになるのかも研究していく必要がある。

信頼できる前兆現象に基づく直前予知

地震発生直前に、地震発生前にのみ生じるような変化を捉えて予知をしようというのが直前予知である。言い換えれば、もはや安定な状態に戻れない状態を、観測によって捉えることが直前予知実現の鍵である。そのような現象として現時点で信頼できるものは、前兆すべり（プレスリップ）だけである。しかし、二〇〇三年の十勝沖地震では、海域で発生したこともあり、マグニチュード八クラスにもかかわらず、現在の観測網で前兆すべりが捉えられなかった。この事実は、直前予知を現状の観測網で捉えうる前兆すべりの検出のみに頼ることの危うさと、信頼できる他の前兆現象の発見や計測方法の開発が必要であることを示している。

最近、岩石のすべり実験から、断層面を透過する波や反射する波の振幅を用いて、プレート境界や断層の固着強度を推定する方法が考案された。地震発生が近づくと、固着強度が減少するという研究結果もあり、注目されている。また、地震発生と地球潮汐の相関の研究から、大地震の直前だけ、震源域周辺の地震活動と潮汐との相関がよくなるという結果も示されている。実際への応用はまだまだだが、このように前兆すべり以外の力学的な前兆現象の研究をさらに進めていくことで、地震直前の状態をより多角的に捉えることができるようになると期待される。こうした地震直前の状態の研究は、再来間隔の非常に長い内陸地震の実用的な予知にとって特に重要な課題である。

一方、動物の異常行動に代表される宏観異常現象や、さまざまな電磁気異常現象が地震の前兆現象であるという考えもあり、また主張している研究者もいる。宏観異常現象や電磁気異常現象の中に本当に地震の前兆現象があることがわかったら、地震予知の実現に大きく前進することも間違いない。最近、一部の電磁気異常現象が将来の震央方向から到来していた可能性の高いことを示唆する論文が発表されたり、歪計データと相関の高い電磁気変動が観測されるようになってきたが、これまでは地震との前後関係が問題となっただけで、地震発生とどのようなしくみで結びついているかという議論が非常に不足していた。ひとつは地下で起きている現象を捉えている地震計、歪計、GPS、重力計などのさまざまな地殻の力学的データとの対応がほとんど見られないからである。宏観異常現象や電磁気異常現象のデータに地殻の力学的データと相関のあるデータが捉えられるようになれば、しくみの解明につながるものと考えられる。

地震発生の物理・化学法則のさらなる解明

たとえば、前兆現象と主張される電磁気異常現象が抱える根本的な問題は、地震の発生前に震源域においてどのようにして電磁気異常現象を発生させ、その異常がどのようにして観測点まで伝播するのか、定量的に説明できる適切な物理・化学モデルがまだ確立されていないことである。しかし、電磁気異常現象についても、そのような定量的なモデルができれば、地震発生予測シミュレーションに取り入れることが可能となり、地震予知に役立つデータとなろう。

また、前兆すべりの理論的裏付けとなっている摩擦法則自体にもまだまだ改善すべき点がある。現在の地震発生シミュレーションに用いられている摩擦法則には、地震発生において重要な鍵をにぎるいくつかの要因、たとえば地震発生場に存在する流体の効果などは考慮されていない。地震発生の直前予知を目指すためには、これらの物理的・化学的な影響を取り入れて、より現実的な摩擦法則を見出す必要があろう。

また地震を「臨界現象の物理学」という観点から捉えるアプローチも世界各地で行われており、これらの知見を取り入れていくことも必要かもしれない。地震発生のさらなる物理・化学法則の解明、理論的進展なしには地震予知の進歩はありえないだろう。

2—地震予知の新兵器

従来にはなかった新しい種類の観測データが新しい知見を与え、ときには地震発生モデルに革命的な改革をもたらしてきた。熟練した技術に支えられていた三角測量は、いまや宇宙技術であるＧＰＳに取って代わられようとしている。このＧＰＳから得られたデータにより、ゆっくりすべりが発見され、それがプレート境界での地震発生モデルの理解を飛躍的に促した。また3章で取り上げた相似地震のモニタリングも革新的なものであった。それまで陸上に設置されたGPSなどの地殻変動観測装置のデータからしか推定のできなかったプレート境界のすべりを、小さな地震活動を用いて知ることができるようになったのである。また海底における地殻変動観測技術が確立すれば、プレート境界におけるすべりの様子が、今よりももっと正確にわかる可能性が高い。

このように、新しい観測技術が開発され実用化されると、現在の地震発生モデルの飛躍的進歩を通じて予測シミュレーションの改善がなされていくだろう。あるいは現在とは異なる枠組みでの予測シミュレーションの道が開けていくかもしれない。

ここでは、そのような将来の希望を託すことができるかもしれない新技術として、人工衛星から地殻変動観測を行う「だいち」、海底における観測ネットワーク、地球深部探査船「ちきゅう」、さらに地下の状態変化を遠隔モニターするための「アクロス」を紹介する。

だいち

二〇〇六年一月、陸域観測技術衛星「だいち」がHⅡAロケットで種子島宇宙センターから打ち上げられた（図5-1）。「だいち」には、合成開口レーダー（SAR＝Synthetic Aperture Radar）という装置が搭載されており、衛星から地表に向けて微弱な電波を照射して、地表ではね返ってきた電波を受信する。電波は、地表約七〇㎞の幅に照射されるため、照射された部分の地形の起伏をレーダー画像として得ることができる。

このようにして得たレーダー画像と、衛星が地球を周回して再び同じ場所で取得したレーダー画像を比較することによって、この間に地形がどれだけ変化したかを計測することができる。実際には衛星と地表との距離の変化が計測されるため、衛星方向の変動成分だけがわかるのだが、地殻変動が画像としてわかってしまうというのは画期的な技術である。

このような技術は干渉SARと呼ばれ（図5-2）、その測定精度はG

図5-1　陸域観測技術衛星「だいち」（提供　宇宙航空研究開発機構（JAXA））

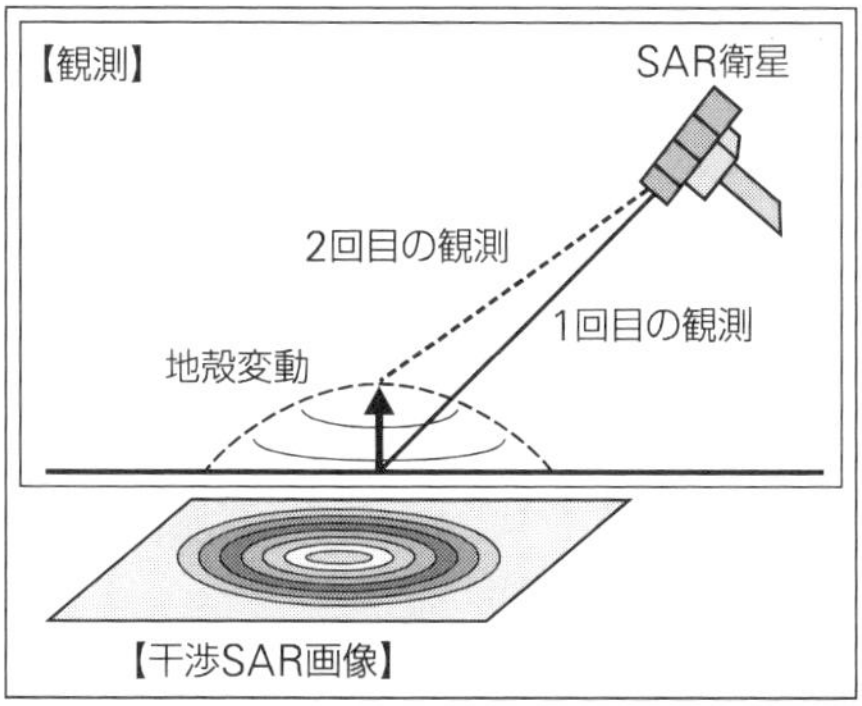

図5-2　地殻変動と干渉SAR画像（国土地理院干渉SARホームページ）

PSに匹敵する。「だいち」では波長二三・六㎝の電波を用いるため、雲はもちろんのこと、地表の樹木などの植生の間も透過して地面からの反射波を捉え、センチメートルの変動を知ることができる。干渉SARでは、地表に何も設置せずとも高精度の地殻変動を観測することが可能であるため、GPS観測点の設置が難しい山間部や離島などの地殻変動観測に大きな力を発揮する。当然、国内に限らず海外における地震や火山活動であっても画像の取得が可能であり、国際的な災害軽減にも貢献すると期待されている。またGPSは観測「点」での地殻変動しか得られないのに比べ、「だいち」に搭載されたSARでは、地表「面」での詳細な地殻変動分布が観測可能になり、活断層周辺の微小な地殻変動の観測にも大きな力を発揮する。

このように、従来技術では観測不可能な場所や、断層周辺での詳細な地殻変動分布が解明されることにより、モデル化の遅れている内陸地震の発生メカニズム解明に必要な基礎データを与えることが期待される。

海底における観測ネットワーク

これまで何度か述べたように、日本では陸上の観測網に関しては、GEONETやHi-net の整備によって世界一の観測網が実現している。しかし陸上に比べて、海底の観測網の整備は非常に遅れている。日本海溝や南海トラフなどのプレート境界で発生する巨大地震の震源域は、東海地震や関東地震などの一部の地震をのぞいてほとんどが海底の下である。このような地震の震源域に歪が集中していく様子や前兆すべりの発生を捉えるためには、地殻変動の観測が非常に有効であるが、地殻変動は変動源から距離が離れるに従い、急速に感度が低くなるという性質がある。そのため海底での観測が必要となる。

海底での観測が今までまったくなされていなかったわけではない。ケーブル式の海底地震計は各機関合わせて七本（二五台）敷設されているし、より面的な観測を行うために、多くの海底地震計や海底測位による臨時観測が行われてきた。この場合、海底地震計は、圧力に耐えられるように設計された球形のガラスや金属容器に地震計・記録計・電池などのすべての装置を入れて海上から投下するものである。海の底についた海底地震計は数カ月から一年の間海底で地震波を記録した後、海上の船からの音波信号を受けておもりを切り離し、浮上して回収される。この海底地震計の技術は、今では非常に信頼性の高いものとなっていて、回収に失敗する地震計はほとんどない。

またGPSと音波を用いた海底での測位技術も、信頼度が向上してきた。この方法はGPSによって正確に位置と姿勢のわかっている船から海底に向けて音波を出し、海底にあらかじめ設置しておいた海底局に受信させる。信号を受信した海底局は船に向かって音波を発射し、その音波が往復する時間から海底局の位置を割り出す。二〇〇四年九月に紀伊半島の沖で発生した地震（M七・四）にともなう地殻変動や、太平洋プレートの沈み込みに伴う三陸沖の地殻変動を、正確に捉えるまでになっている。

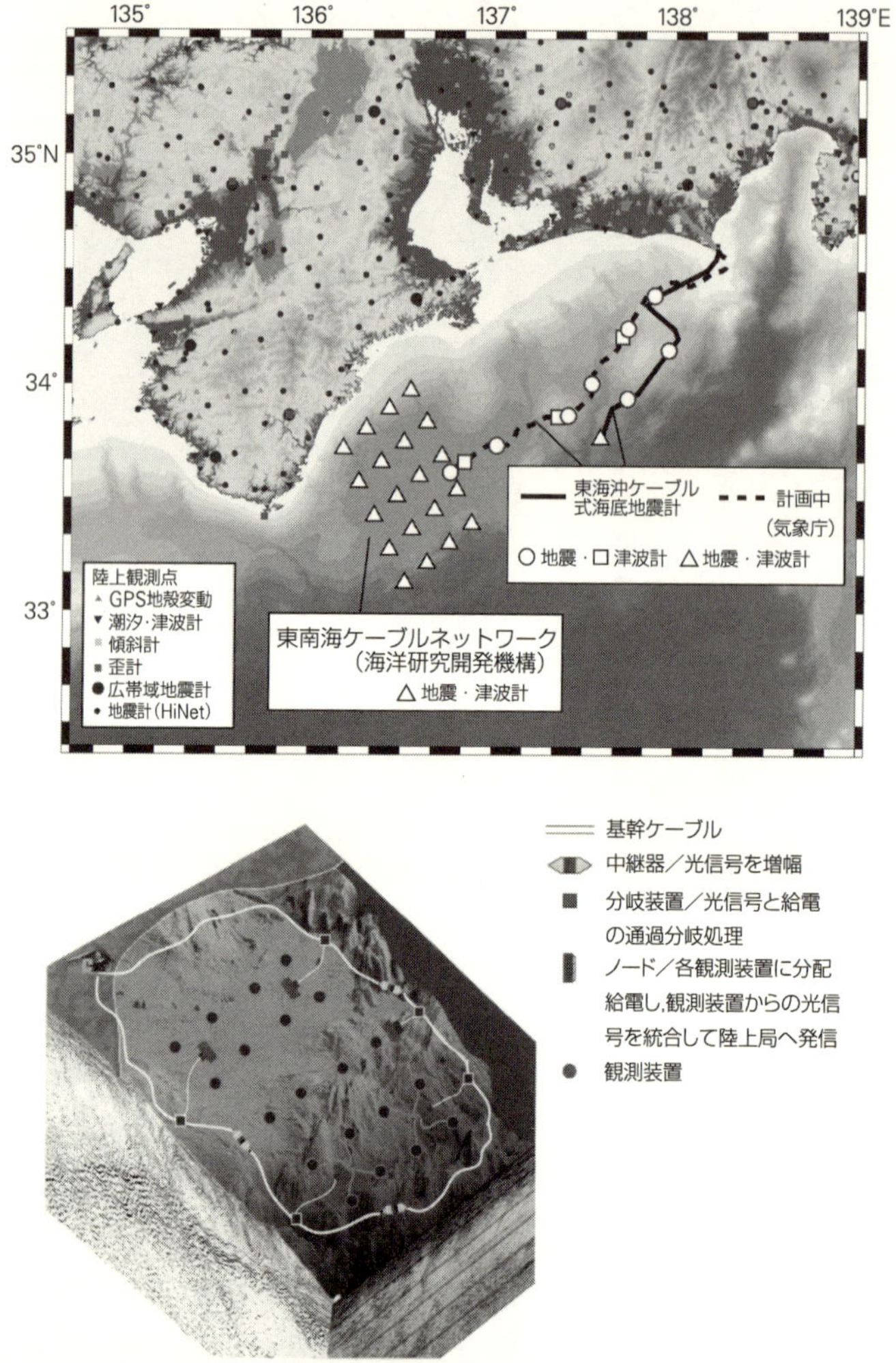

図 5-3　上：**紀伊半島沖に計画されている海底ケーブルネットワーク**（海洋研究開発機構）と，**東海沖の既設および計画中のケーブル式海底地震計**（気象庁），**陸上観測点分布**．下：**熊野灘の海底観測ネットワークシステムの展開**（海洋研究開発機構）観測点が陸上局から海底ケーブルで面的に高密度につながれる．

しかし、これらの観測はデータの回収に時間がかかったり、連続的な観測が難しいなどの欠点があり、そのため前兆すべりなどの地震の直前の現象を把握して予知に役立てることができない。この欠点を克服するためには、海底に面的に多数設置した測定機器のデータをケーブルなどによって陸地まで送信する必要がある。

二〇〇六年度から海洋研究開発機構によって、海底観測ネットワークシステムの開発が始まった（図5-3）。これは、熊野灘の海底に二〇の観測点を設置し、それぞれの場所に地震計と圧力計（津波計）等を接続して、陸上に常時データを伝送しようという試みである。地殻変動に関しては、海水面の上下や海底の上下変動を測る圧力計だけでなく、前述の音波を用いた海底測位計や、後述する掘削孔内の観測装置との接続も含めて、開発が進められている。このネットワークで得られるデータは地震予知だけでなく、緊急地震速報や津波予報等の防災にも役立つものである。

ちきゅう

二〇〇五年七月、深海底掘削船「ちきゅう」（五万七〇〇〇トン）が竣工した（写真5-1）。二〇〇六年夏、小松左京原作の映画『日本沈没』が三三年ぶりにリメークされたが、この新作で「ちきゅう」は実名で登場し、日本を沈没から救う大きな役割を果たしている。

二〇〇七年夏以降、「ちきゅう」は紀伊半島沖で史上初めて沈み込み帯の巨大地震発生帯への掘削に挑戦する。巨大地震発生域直近での観測は、沈み込み帯の巨大地震発生メカニズムの解明に大きな役割を果たすものと期待されている（図5-4）。

海洋底の掘削は一九六〇年代にアメリカ主導で開始され、プレートテクトニクス理論の確立などに大きな貢献をしてきた。その後、国際的な計画として現在まで続いている。かつて一九六〇年代に、マントル物質を直接採取しようというモホール計画が計画されたが、当時はマントルに到達できるほど深くまで掘削する技術がなく、結局これまでの掘削では、人類はまだマントルの岩石を直接ボーリングにより入手することには成功していない。現在は統合国際深海掘削計画（IODP）と呼ばれる計画が進行中である。このIODPでは、地球環境変動や地下生物圏の探査などとともに、マントル物質の採取および地震発生帯の掘削が、大きな科学目標としてかかげられている。世界最大級の掘削船「ちきゅう」は、そのために日本が建造した掘削船である。

「ちきゅう」が誇る世界最深の掘削能力は、地震予知を進める上でも重要な役割を果たすことが期待される。「ちきゅう」は世界で初めて水深二五〇〇mの海底下からさらに七〇〇〇mの深さ、つまり海面から九五〇〇mの深さまで掘削することができる。マグニチュード八クラスの巨大地震の震源域となることが想定されている南海トラフにおいて掘削を実施することにより、巨大地震の発生領域に存在する物質を直接観察することが、世界で初めて可能となるのである。また、掘削した孔には地震計などの観測装置を設置することが計画されている。これらにより、地震発生領域での物性を明らかにすること、またプレート境界や断層の動きを現場で測定することも可能となる。これらの情報は

写真 5-1　深海底掘削船「ちきゅう」（海洋研究開発機構提供）

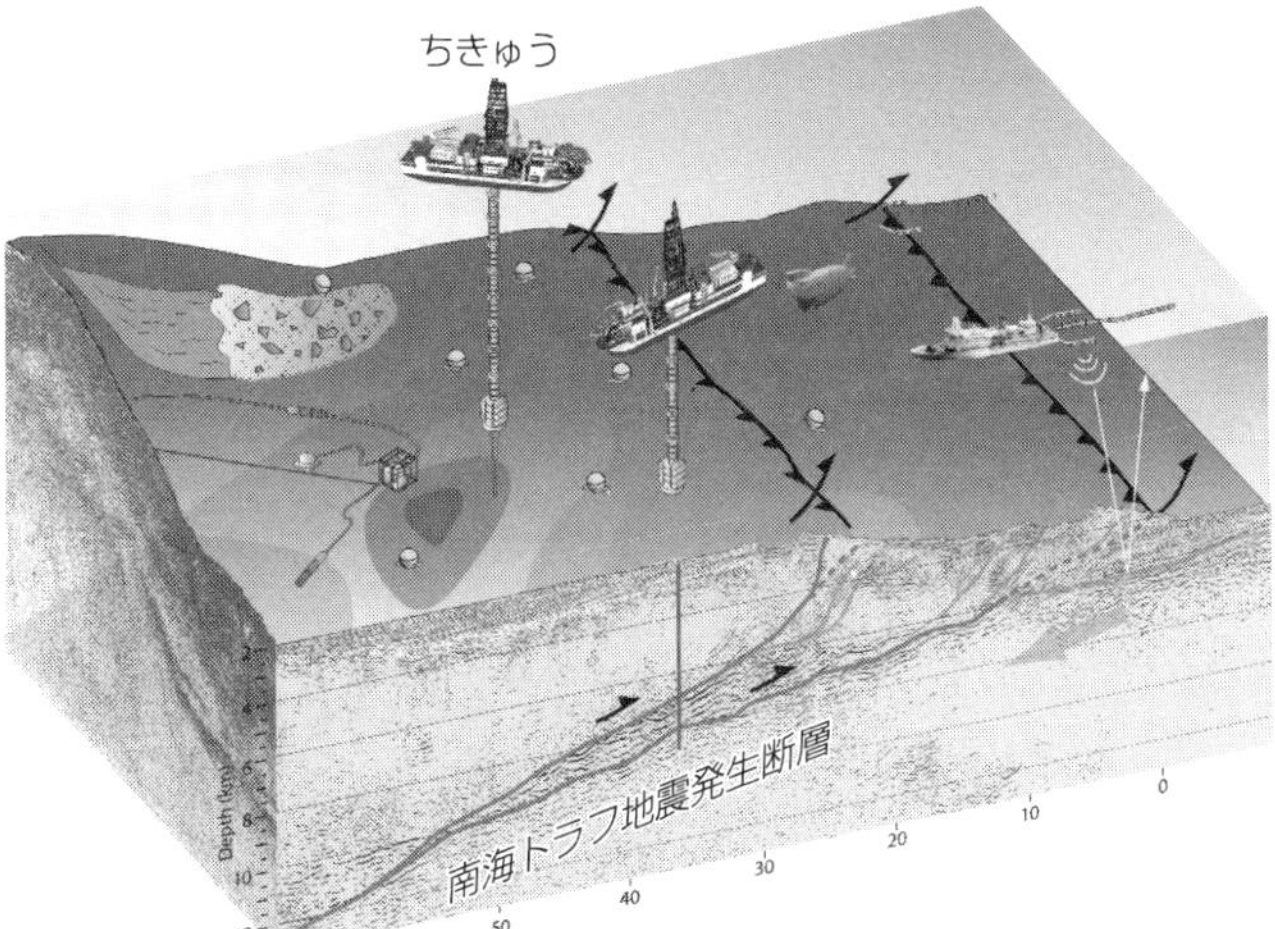

図 5-4　南海トラフ掘削計画（海洋研究開発機構坂口有人氏原図）

地震発生予測シミュレーションのモデルを精緻化するために役立つものと期待される。

アクロス

ここ一〇年あまりの間に日本において独自に開発された地下の状態を能動的に監視するシステムに、「アクロス」（ACROSS＝Accurately Controlled, Routinely Operated Signal System、日本語では「精密制御定常信号システム」）がある（写真5-2）。約一トン程度の偏心した錘を回転させることにより、数ヘルツから数十ヘルツの周波数の微弱な振動を発生させ、地下に信号として送り込む。そして、遠く離れた観測点において観測された長時間のデータを足し合わせることにより、この送り込まれた微弱な信号を検出するものである（図5-5）。アクロスは、この微弱な信号の伝わり方の時間的変動を調べることにより、プレート境界や断層の固着や応力状態の変化、地震発生にいたる過程を監視することを目的としている。

気象衛星からの各種画像や気象レーダーにより大気中の雲や水蒸気の分布が手に取るようにわかったことが天気予報の精度を大きく向上させたように、「地震レーダー」ともいうべきアクロスは、地震発生にとって重要な要素である断層面の固着の程度や地殻内の応力の分布をモニタリングし、地震予測シミュレーションに役立つことが期待されている。

アクロスは最近本格的な試験運転が始まったが、実際に運用するとなると、装置の安定性や解析方

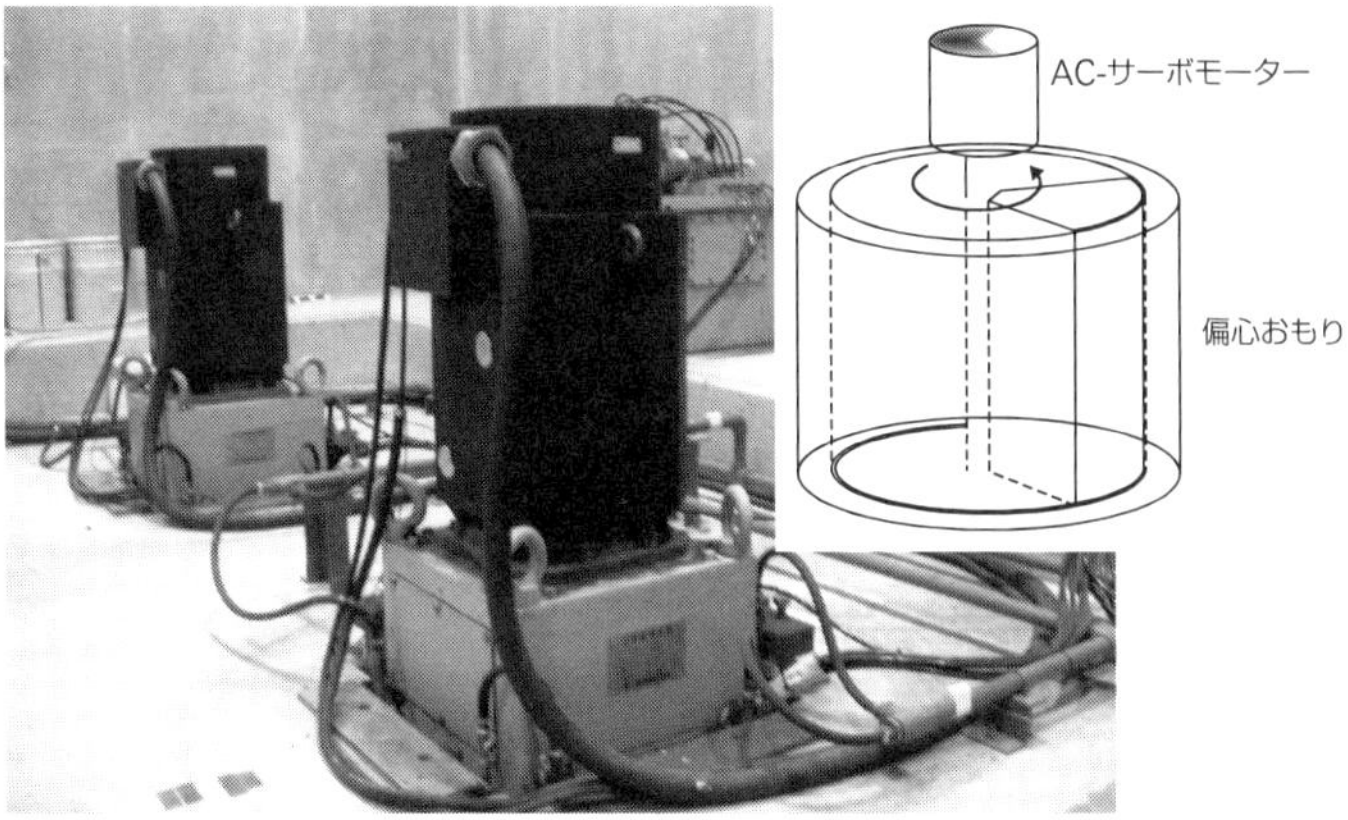

写真 5-2　2 台のアクロス震源装置
偏心したしたおもりを回転させることで力を発生する．奥の装置は 25 Hz で 20 トンの力を，手前は 35 Hz で 20 トンの力を発生させる装置．おもりは床面より下にあり，上部のモータ（黒い部分）によって回転させる．

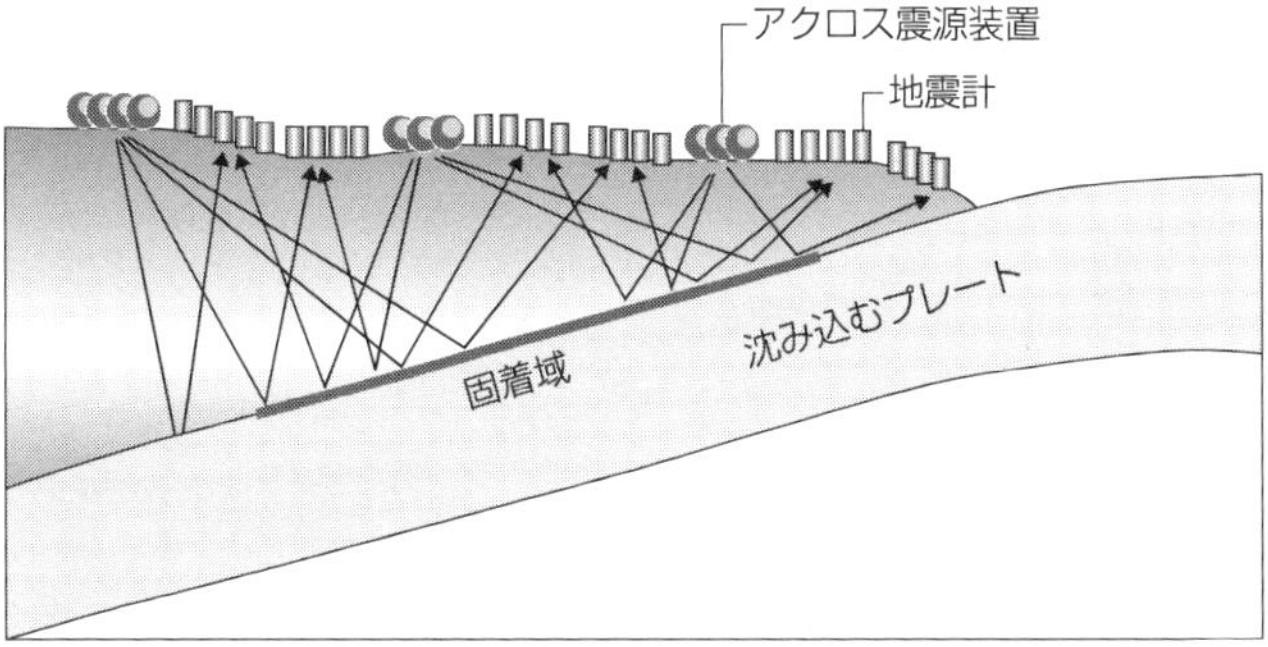

図 5-5　アクロス震源装置を用いて沈み込むプレート上面を観測する概念図
震源装置から放射されプレート上面で反射した波を捉え，その振幅変化から固着の状態を推定する．

法など解決すべき課題は多い。目標とする地殻深部の流体の分布、プレート境界や断層面などの固着状態や構造境界の形状の監視にはすぐには至らないかもしれないが、アクロスのように地下の状態を能動的に監視するシステムの開発や構築は、地震予知を進める上で欠かせない重要な要素の一つである。

3—海外での新しい地震予知研究の流れ

最近海外で行われている地震予知研究のいくつかをご紹介しよう。

サンアンドレアス断層深部実験室計画

二〇〇一年からアメリカのカリフォルニアでは、サンアンドレアス断層深部実験室（SAFOD＝San Andreas Fault Observatory at Depth）と名付けられた研究計画が開始されている。サンアンドレアス断層は、トランスフォーム断層の代名詞となっている横ずれ断層で、太平洋プレートと北アメリカプレートの境界をなしている。本研究計画の目的の一つは、この活発な活断層の深部に各種計測機器（地震計、傾斜計、歪計、温度計、間隙水圧計など）を設置することで、いわゆる世界で初

写真 5-3　サンアンドレアス断層深部実験室計画（SAFORD）の主掘削孔のための巨大なやぐら

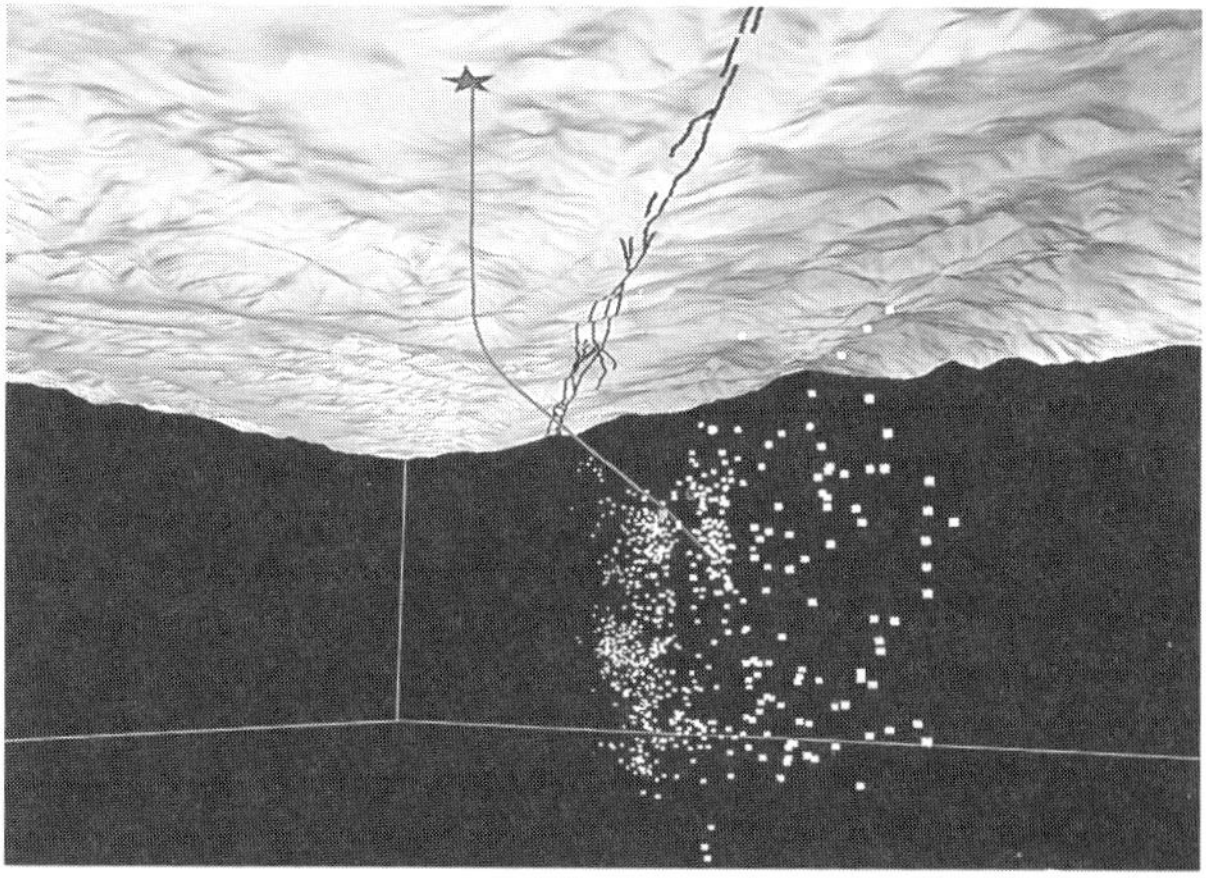

図 5-6　地下から見たボーリングの模式図（スタンフォード大学 Mark Zoback 氏提供）
SAFORD では震源へ向けて斜めにボーリングを実施している．白抜きの点は過去の震源で，地表に黒線で表したサンアンドレアス断層の地下への広がりを示している．

の断層深部実験室と呼べるシステムの構築を目指している（写真5-3、図5-6）。

何本かの観測孔が掘削されるのは、一九六六年のパークフィールド地震の震央の直近である。最終的な到達深度約四㎞の観測孔の一つは、マグニチュード二クラスの相似地震の震源域（サイズ一〇〇m程度）に正確に到達するよう計画されている。スタンフォード大学のグループは、この相似地震群は現時点で一〇mの精度で震源決定されていると主張している。この規模の相似地震は数年に一度は発生すると考えられるので、これをターゲットとし、彼らはまさに震源断層の中で地震発生の瞬間を観測するのだと意気込んでいる。

衛星観測による予知研究――DEMETER

一九八〇年代になって地震の前駆的とも考えられる現象が、人工衛星からも観測できるのではないかとの報告が、ロシアよりなされるようになった。これは電離層観測衛星のデータを解析している中で、太陽活動をはじめとする既知の現象を十分吟味した後に、どうしても説明不能な現象が存在することが明らかとなり、これらを地震現象と結びつけて考える研究者が、一九八〇年代後半になってロシア、フランスなどに出現したのである。

とくにフランスのグループは、熱心に電子密度や電子温度の解析を遂行し、結論として地震に関連する電磁現象が、衛星観測データに含まれている可能性がきわめて高いと結論した。そして地震電磁

図5-7　桜島上空を飛行するDEMETER衛星
（想像図，© CNES-Novembre 2003/Illustration D. Ducros）

気観測のための人工衛星の打ち上げが、国家プロジェクトとして提案された。この衛星はデメーター（DEMETER＝Detection of Electro-Magnetic Emissions Transmitted from Earthquake Regions）と名付けられ、二〇〇四年六月に打ち上げられた（図5-7）。驚くべきことであるが、地震国でもないフランスにおいて、この小型衛星プロジェクトは国家プロジェクトの第一位として位置付けられていたのである。このあたりはフランス人の反骨意識の現れ（アメリカがやらないことをやる）かもしれない。

衛星観測の利点は、地上観測に比べ非常に多くの事例を短期間に収集することが可能であり、統計的な検定作業に必要な事例の収集が地上観測データよりもきわめて容易な点である。現在もロシアをはじめとして、メキシコ、トルコ、台湾、中国、ウクライナ、カザフスタンなどでも、地震に関する電磁現象を観測するための衛星打ち上げ計画が進んでいる。

ここではDEMETERで得られた最初の結果を紹介しよう。彼らは約二年間の観測期間中に、衛星軌道の近くで発生したマグニチュード四・八以上の地震（深さ四〇㎞より浅い地震を対象とした）二六二八個について地震発生時刻をすべて揃えて、重ね合わせ処理を実施した。そうすると、地震発生後一〇時間から三〇時間にかけては標準偏差の四倍にも達する電波強度を観測した。そればかりか、地震の発生前一〇時間ほどから、通常の電波強度の標準偏差の二倍を超える電波が観測されたこともわかった。

これらの観測・解析は単に個々の現象の存在指摘にとどまらず、地震という地球の「地球表層付近での大規模なエネルギー解放現象」全体の物理像の解明に貢献すると考えられる。なぜ地震活動が前駆的にも大気圏や電離圏にまで影響を与えている可能性があるのか、そのメカニズムには未知の部分が大きいが、このように人工衛星観測は地震予知研究にとっての新兵器となる可能性を大きく秘めているものと考えられる。

4—地震予知と社会

健全な地震予知社会の育成

地震予知情報の受け手

近年、確率を用いた地震に関する情報、たとえば活断層の長期評価や強震動の確率予測が発表されているが、天気予報の降水確率とは異なり、この地震の確率というものはなかなか理解しにくいものである。

「〇〇断層で今後三〇年間に地震が発生する確率はほぼゼロ%から五%」

という文言を見て、地震対策を実行しようという人はどれほどいるであろうか。むしろ「なんだ、地震は起こらないんだ」と思うのが普通であろう。しかし、内陸の活断層のように活動周期が数千年と長い場合には、今後三〇年間の地震発生確率はたかだか一〇%程度にしかならないのである。

このような確率情報を有効に活用するためには、情報の出し手と受け手の間にその確率に対して共通の理解が必要である。言い換えれば、受け手側も情報の中身を正しく評価する能力をもつことが要求されると同時に、出し手側もわかりやすい情報発信に心がけなければならない。前述のような今後力が必要であろう。たとえば、平均活動間隔が一〇〇〇年の地震で、最後の地震活動からすでに一〇〇〇年以上時間が経過している場合を考えよう。このような状態を「活断層が満期を迎えている」と表現することがある。平均活動間隔が一〇〇〇年程度だと、地震発生時期の推定誤差が三〇〇年程度はある。つまり、その三〇〇年間はいつ起きてもおかしくない状態であるにもかかわらず、三〇年間を取り出すと、地震発生の可能性は三〇／三〇〇となってしまい、確率が一〇%程度となる。このような解説をすれば、内陸活断層の地震の発生確率が小さいのは予測誤差が大きいためであり、確率が小さくても決して安心できない数字であることを理解してもらうことができる。

これは一例であるが、専門家もどのように話したら一般の人たちが理解できるかを模索すべきである。最近では科学コミュニケーションという分野がクローズアップされている。最前線の科学の研究を一般市民に理解してもらう方法に関する分野であるが、コミュニケーションという言葉どおり、専門家と一般市民との双方向の情報伝達が必要である。研究者が一方的にしゃべるのではなく、市民が何を求め何を知りたがっているかを、実際に市民と直接語り合うことによってコミュニケーションを図ることが大事である。そのため、最近では、たとえばサイエンスカフェという試みが実施され、街なかに専門家が出かけていって、市民と直接に語らうイベントが催されたりしている。

一方、最先端の研究には意見の不一致があるのが当然だが、それを一般の市民に向かって個別に主張していたのでは、情報の受け手は何を信じてよいのかわからなくなってしまう。社会への提言は提言として、本来は多様である研究者間の意見を集約し、地震予知研究者のコンセンサスを形成した上で、社会へ発表しなければならない。

そして、地震予知にどの程度の精度が求められるのか、社会とのコンセンサス作りが必要であろう。一〇〇%の精度の予知はありえず、現実には地震の予測は確率的にしかなされ得ない。今後三日間に地震が発生する確率が二〇%のとき、五〇%のとき、八〇%のときに、社会はそれをどう受け止め、どのような行動や対策をとるのか。また、予知できずに地震が発生するリスク、予知が行われながら地震が起こらないリスクにどう対処するのか。個人に対し自己責任を迫るだけでは解決できない問題である。地震予知の今後を考えると、この方面の研究も含めて総合的に進めなければならない。

予知ができれば、ほかは必要ないのか?

地震予知と防災は対立しない

科学的なもの、あるいは非科学的なものも含め、地震予知に関して関心を持たれる方がこれだけ多いのは、なぜだろう。単純に必要性や使命感だけではなく、地震予知ができれば、その他の防災対策は不要になるというような、バラ色の錯覚があるからではないだろうか。別の見方をすれば、地震が起きてしまった後のことは、耐震・免震等の防災工学、あるいは行政、医学、心理学、経済学などにバトンタッチすればよいと考えられているふしがある。このような概念的な分野の切り分けは、ややもすると「耐震工学さえ十分適用すれば、予算をかけてまで地震予知などする必要はない」「地震予知さえ可能なら、耐震工事にかける膨大な費用は削減できる」という両極端な選択肢を招く可能性がある。

「地震予知ができれば、ほかの努力は必要ないのか?」という問いかけをわれわれが受けるならば、その答えは明らかに「否」である。日頃から耐震等の防災対策をきちんとやった上で、さらに地震予知に関する科学技術を適用すれば、被害の軽減、とくに最も重要視される人命や私有財産の一部の損失を、さらに飛躍的に減らすことは可能である。しかし、被害はゼロにはならない。地震波にしても津波にしても、断層がずれ始めれば、それらは確実に生じ、かつ伝播する。人間はその巨大な自然のエネルギーすべてに抗しきれるわけではないのである。

地震災害軽減をはかるさまざまな知恵の融合

再度念をおしたいのは、地震予知と耐震工学などの地震防災は、地震災害を軽減するための車の両輪であって、どちらか一方のみに力を注げばよいという二元論では取り扱えないことである。そういう意味では、この一〇年の地震予知の進歩を見据えつつ、単に「地震発生を当てればいいのさ」ということにとどまらず、地震発生の準備過程から地震発生、強震動や津波などの伝播予測(緊急地震速報、津波予報)、被害の把握、救急医療、被災者のケア、復旧・復興という一連の流れの中で、地震予知を改めて位置付ける必要があるのだろう。

これには「地震発生以後（以前）は自分の分野には関係ない」、「一〇〇年前のことを知っても意味がない」、「被災者の心理的なケアまでは手に負えない」などというような、取り扱う時間概念の壁・専門分野の壁など、越えなければならないハードルが実はたくさん存在する。前述のように、地震予知から地震防災工学までをトータルに取り扱う学問分野や概念がないことも、要因としては大きいだろう。地震災害にバラバラに対応するのでは、被害は軽減するどころか、対策の二重投資や三重投資、あるいはかえって混乱を招くこともあるかもしれない。

断層のずれ方は千差万別であることがわかってきた。しかし、どうせ予知を行っても、最終的にずれる規模やどちらの方向に断層がずれていくかがわからなければ、対策の取りようがないと諦めるのは早計である。あらかじめ地震の発生が差し迫った場所かどうかというのはある程度予測可能だし、ずれが開始したか否かは（どこまで事前にさかのぼれるかはともかく）、すでに技術的に把握できる。断層がずれている最中の状態を時々刻々報知するだけでも、自動消火装置のようなさまざまな安全装置の自動起動を行うこともできる。さらにわれわれが住んでいる地表の特性（やわらかい地盤、崩れやすい斜面など）によっては、どこで地震が起こっても必ずゆれが周辺より大きくなったり、津波の高さが高くなったりする場所があることもわかっている。これらの知識は、防災計画や救援・復旧計画を立てる上でも非常に重要である。

コラム⑭●「絶対」壊れないんだな!?

世の中、考え方や感じ方が違うと、同じことを考えていても、異なる表現をしてしまうものである。たとえば、今「地球に隕石が衝突して粉々になることがあるかどうか?」という設問があったとする。ある人はその確率を計算し、史上最大の小惑星と衝突すれば粉々になることもないわけではないので、「(非常にまれだが) 絶対ある」と答えるだろう。またある人はその軌道を調べ、一〇〇年以内に衝突することが予測される小惑星の軌道が見つからないとすれば「(今のところ) 絶対ない」という言い方をするであろう。おそらく両者とも、地球が粉々になることもあるだろうと同じ程度の確率で考えているのだが、言い方として正反対の表現となることがある。

地球が粉々になるという非現実的なことはどちらでもよいが、「強風で列車が脱線する」、「原子力発電所が地震のゆれで壊れる」などという自然現象と人間社会に与える影響の間での大変難しい設問の場合、この背景の違いはやっかいである。記者会見で「安全基準は設けてあります。ただし想定外の強風が吹けば脱線するかもしれませんが、そんなことはめったに起きませんのでとりあえず運転します」と答えれば乗客から怒られるであろうし、「この原子力発電所は地震時に二〇〇〇ガルのゆれまで耐えうるように余裕をもって設計しましたから、その程度のゆれでは絶対壊れません。しかし、想定外のゆれがきたときにはわかりません」と答えれば、原子力発電所は作れなくなってしまうだろう。心配性の人、あるいはある企画に反対を唱える人は「非常にまれだが悪い事例がある」という意見を根拠としたがるだろうし、賛成の人は「ある基準のもとでは絶対大丈夫」という意見を根拠としたがるだろう。

何事にも何らかの決定をするときには前提条件

があるし、大まかな同意はあるはずだが、近年のように社会全体で常識の通じる範囲が個別化すると、「絶対」という言葉が同意の範囲を越えて独り歩きを始める。日本人は基準化、共通化を好むという特性はあるようだが、当事者同士では納得しあったとしても、大まかな同意がなされない、あるいは曖昧なままより広い集団で「絶対」という言葉が一人歩きすると混乱が生じる場合がある。

とくに自然現象に関する話は、事象が発生するタイムスケールが人間の寿命に比べて非常に長く、また地理的なスケールも大変大きいため、予測が一〇年ずれる、場所が一〇kmずれる、規模に一〇倍差があるなどということは日常茶飯事である。しかし、人間社会はそれに対して人間社会なりの物差しで判断しようとするため、予測が数分、数センチメートル異なっても大きなニュースになったりしてしまう。

昔は「相手は自然現象なんだから」という大まかな同意が一般社会にあったような気がするが、最近は梅雨入りの発表が数日ずれると新聞に大きくとりあげられるような世の中になってしまった。世の中「絶対」安全なんていう話は、なかなか転がっていないものだが…。

5—再び地震予知とは？

この本では最近一〇年での科学技術の進歩と、それに基づく「地震予知」の現状について述べてきた。最後に再度、われわれが「地震予知」に関わる上で重要と思われるポイントを列記しておく。

・地震予知は「科学」である。誰かがアイデアとして「思う」だけでは認められない。

・「科学」とは観測事実に基づいて仮説を提唱し、その仮説について客観的検証が行われることが重要である。

・アスペリティモデルの提唱によって、地震現象への理解が飛躍的に進んだ。

・最近一〇年ほどの観測技術をはじめとする地球科学の進歩によって、大きな地震が起きていない時期にも、プレート境界ではさまざまなすべり現象が起こっていることが新たに発見された。

・コンピュータの高性能化と摩擦法則の理解によって、シミュレーション技術により、プレート境界で発生する地震の発生パターンが再現できるようになった。

・単に異常現象が現れてあわてるのではなく、科学的なモデルによって前兆すべりを監視することができるようになった。

・地震現象（＝断層におけるずれ）が発生してから、それをすばやく検知して知らせることにより、ゆれることを予め知るということは、すでにいくつかの事例で実現している。

・地震予知は「当った」、「はずれた」で議論すべきものではなく、予測精度という定量的物差しで評価すべきである。その上で徐々に予測精度を向上させていく必要がある。

そして、上記の知見をもとにした今後の地震予知の戦略としては、

どんなに断定口調で言われたとしても「非科学」は信じてはいけない

・長期予知によってどのあたりでどのくらいの地震が起こる可能性があるかを知り、

・シミュレーションによって中期予知を行いつつ、高感度の観測網と能動的な観測などで日々の観測量を監視し、それをシミュレーションによって予測される理論値と比較し、モデルの改良を行う。

・中期予知の結果とともに日々の観測を通して異常現象を捉え、最終的な断層のずれにいたる前兆現象を捉える。

・断層のずれが発生したことをいち早く捉え、ゆれる前に身の安全や財産の保全を図る。

という「正攻法」以外はありえないとわれわれは考えている。科学的検証が面倒であろうが時間がかかろうが、われわれはこれを淡々と行うしかない。地震予知は「当る、当らない」、あるいは「できる、できない」という二者選択の概念から解き放たれなければならないし、現在どこまで科学技術が進歩しているのかを正しく把握しておく必要がある。その上で、地震現象を正しく知り、正しく備えれば、地震災害を被ることはあっても、その被害を軽減することは可能なのである。

ものごとの理解は、らせん階段のように進む。一見、遅々として同じところを回っているようであっても、理解は深化していくものである。一方、努力を怠るとあっという間にわれわれは科学的検証を面倒くさがって、快刀乱麻を断つがごとく、謎を「一言」で容易に説明してくれる考え、人物を信じてしまいがちである（予言や、占い、神の啓示の類を信じる人が、後を絶たないことでもわかると思う）。人類は長い時間をかけて科学を発展させてきた。現代社会では「明日あなたの寿命は尽きるであろう」と宣託する医者より、日々の血圧をモニターして適切な健康管理のアドバイスをしてくれる医者の方を信じる人がほとんどである。地震予知の科学もまったくこれと同じなのである。

この本が正しい地震予知への理解への一助となることを願ってやまない。

コラム⑮●卑弥呼、陰陽寮、天文博士、気象庁
―昔から同じことやってる？

地震予知というと、何かとてつもないすごいことか、何かとてつもなくインチキなことかどちらかにとらえられがちだが、「その時代の最先端の考え方を用いて、近未来の自然科学的カタストロフィックなできごとを予見し報知する」ということは、今の近代科学において始まったことではないと個人的には思っている。

どこまで遡るかはともかくとして、古代に卑弥呼のようなシャーマンがいたとき、仮に彼女が「来年は日照りじゃ」と宣託すれば、民はため池を作っただろう。それは彼女そのものがその時代の最先端の知識や科学だったからである。知識や科学がなければ、ただ祈るだけである。

魏志倭人伝には、航海する際「持衰」という役目の人間がいたことが記されている。この役目を持つ人は、船が無事に目的地に着くことを祈って、航海中着替えも肉食もしない。航海が無事終われば褒美をもらえるが、病気や暴風にあえば祈りが足りないと殺されてしまったらしい。

時代が下って、平安朝の陰陽寮のお役人は何をやっていたかというと、たとえば夜空をずっと観測していた。それは流星がどちらの方向に飛んだか、何か急に新しい星が生じないか（流星や超新星など）を見ていた。何か夜空に変化があると過去の典例を引き、そこから予測される事柄を密封して天皇に渡したそうだ。

現在の地球科学と呼ばれる「科学」のもとで行われていることは、気象庁が二四時間、歪や地震活動の変化などを観測し、何か異常を発見すれば、判定会でモデル計算の結果や過去の例なども勘案して議論し、内閣総理大臣に地震予知情報を報告する。

もちろん昔と今は、やっている作業自体や背景

となる科学は大きく異なる。しかし、「その時代の最先端の考え方を用いて、近未来の自然科学的カタストロフィーを予見し報知する」という本質的な部分は、時代を経ても何も変わっていないように思える。担当する組織の名前が変わろうが、政権が変わろうが、タイムマシンでも発明されない限り、結局同じ仕事を行う人々は必要とされ続けるのではないだろうか。

あとがき

この本は、日本地震学会の地震予知検討委員会の活動に基づいて書かれた。

地震予知に関わる組織はいささか複雑である。大学（東京大学地震研究所、京都大学防災研究所ほか、全国の主要大学）、気象庁、国土地理院、防災科学技術研究所、産業技術総合研究所などの研究・業務機関がある。これらの機関の代表者等が参加する、地震予知連絡会、地震調査委員会、地震防災対策強化地域判定会という組織もある。

そのような多くの関連組織のなかで、日本地震学会の枠組みのなかにある「地震予知検討委員会」の存在意義は、「研究・業務の現場からも行政からも半歩離れ、客観的な立場から、地震予知研究とは何者なのかを検討する」ことともいえようか。

地震予知検討委員会は、年に数回の割合で集い、かつ議論してきた。昼間の議論に加えて重要だったのは、そのあと飲み屋に流れていってアルコールを注ぎ込みながら語り合う数時間だったかもしれない。

そのときはっきりわかったことは、メンバーが次のようないくつかのフラストレーションを共有しているということであった。

①現時点での直前予知は困難とはいえ、地震予知研究は最近一〇年間で多くの成果を出し、震災軽減にもつながる成果を上げているのに、そのことが人々にあまり知られていない。

②地震予知研究も他の科学研究同様、細分化している。しかし、近年「アスペリティ」という新たな考え方によって統合化されつつあるという重要な進展が知られていない。

③基礎研究の重要性が叫ばれる一方で、すぐに役立つ研究ばかりが求められ、息の長い臨床的研究である地震予知研究の重要性が理解されていない。

④地震予知に対する科学者としての夢を語りたいが、その場がない。

⑤地震予知は震災軽減の一手段であり、「地震予知」と「建物等の耐震化」等は両立するものなのに、対立するものとされることが多い。

一九九五年阪神・淡路大震災（兵庫県南部地震）を契機として、前兆現象に基づいた地震予知よりも、地震現象そのものの基礎研究が重視されることになった。これは科学的に見て順当であるし、地震予知にはあまり関心のなかった地震研究者にとっては喜ばしいことであったかもしれない。しかし、他方、地震予知研究を通して多くの人々の役に立ちたいという研究者の情熱が希薄になってきたような不安を感じるのは、われわれだけなのであろうか。人々の役に立ちたいという情熱なくして、地震予知に期待する多くの人々の声にどのようにこたえることができるのであろうか。もちろん、役に立つだけではなく、地震予知研究から出てきた問題点を基礎研究に投げ返し、そのキャッチボールが地震理解の本質的な進歩に寄与することが期待されるからこそ、われわれは主張したいのである。地震予知研究は、物理学のような基礎科学の面を持つだけでなく、それにもまして、地域性と現象そのものの多様性に満ちた科学なのである。

この本を書き終えたいま、自己満足かもしれないが、われわれは大変ほっとしている。地震予知に関わる学者の癖に、地震予知の現状を他人事のように論評するのは何事だ!と憤慨される方もいらっしゃるかもしれない。その点は、なるべく客観的に現状を記したという努力に免じてどうかお許しいただきたい。

スピードスケートの世界記録保持者、清水宏保氏が次のように言ったそうだ。「頭の中の固定観念が人の限界を作る。(五〇〇m)三三秒台は難しいなどと思った段階で本当に無理になる」と。永久機関の開発のように科学的に不可能といわれていることを除けば、できるわけがないと頭の中で固定観念が作られているがゆえに完成しなかった科学技術は、意外と身近にもあると思う。われわれはその一つが地震予知ではないかと思っている。

われわれは、中期~直前地震予知の技術的な実現は、「五〇年先」などという遠い未来の話ではないと考えている。われわれの思い描く「リアルタイム地震予報」とは、地殻活動モニタルーム(現業室)に緑色の日本列島が描かれており、ある日どこかの地方に黄色い点が現れ、それが見る間に赤くなる。それを監視していた監視要員が、前兆すべりの可能性が高い現象が起きはじめたことを確認し、地震発生や火山噴火についての情報を社会に対して発信するようなしくみを作ることである。われわれはこれを今、夢の技術として語るつもりはない。おそらく最初のうちは「今回の異常現象が前兆すべりである可能性は六〇％で、地震予報が出た地域の住民は大きな地震の発生に十分気をつけて下さい」としか言えず、住民からはその予報を聞いて「いったいどうすればよいのだ？意味がない！」と何年も言われつづけるだろう。ただ、ふと気がつくと最近はなんとなく参考にするようになったね、と言われるようになるのだと思う。これは天気予報、津波予報等を見れば繰り返されている歴史だからである。

ただし、ここでわれわれが重要と考えるのは、地震予知学は、もはや地震学や火山学といった純粋に学術的な分野ではないということを再認識すべきだということである。つまり、「地震学や火山学を通して明らかになった科学的事実が、結果的に社会のために役立てば幸いである」という立場に立つのではなく、初めから「社会に役に立つためには、どのような科学技術を考えればよいのだろう？」というスタンスが必要だということである。そのためには最先端の観測機器から、観測データを監視・解析する技術、そしてそれを分析するモデル開発、国が予報を発表するシステムと実効的に社会に適用されるための法整備まで、ありとあらゆる課題に正直に取り組まなければならない。別のいい方をすれば、明日は晴れるか否かを求めるためにさんざん研究をした挙句に「一〇〇年後に日本付近は平均気温が三・二℃上昇します」、と胸を張って主張するのではなくて、目的とする予測に対して合目的な手法で科学技術を適用する必要もあるだろう。

地震予知という用語は、あまりに夢として語られつづけたため、少々言葉として手あかまみれになってしまったらしい。今この用語は、万事うまくいく、あるいはインチキ・ナンセンスの極みという両極端のイメージをもっているのかもしれない。もしこの本を通読した読者が、ここ一〇年ほどの学術的な進歩の本質に触れ、マスメディアにあふれる旧来の「地震予知は可能だ・不可能だ」という二者選択の概念から解き放たれ、地震予知などというのはまだたいした技術ではないが、使いようによっては今でも使えるんだな、と等身大の地震予知の科学を感じていただけたなら、われわれとしては望外の喜びである。

本書は、当初分担執筆を行ったが、最終的にはそれらを素材として何度も推敲を繰り返し、大幅な入れ替えや追加・削除を行って全体を組み上げることになった。そのため、通常の本のような章ごとの執筆者を示していない。すべての執筆者が全体構成に目を通し、意見を出し合って作り上げた本である。東京大学出版会の小松美加さんには、本の内容ができるだけ一般の人にもわかりやすくなるように、最初の段階から非専門家の観点で見てもらう役をお願いして、とことんつきあっていただいた。東京大学地震研究所の吉田真吾さんをはじめとする日本地震学会の皆さんには、本の内容について貴重な意見をいただいた。藤村まり子さんにはユニークなモグラのイラストを描いていただいた。ここに感謝申し上げる。

なお、日本地震学会では、ホームページ（http://wwwsoc.nii.ac.jp/ssj/）上に「地震に関するFAQ」というコーナーを設けて、地震や地震学に関してよく寄せられる質問（FAQ）とその回答を載せている。このFAQの中でも、地震予知に関する質問はとくに多い。興味のある方は、ぜひこのホームページも参照されたい。

現在の日本地震学会地震予知検討委員会は平成一六年四月に大竹政和地震学会会長の下で発足し、平成一八年四月から、島崎邦彦会長のもとで二期目に入った。今期のメンバーは、川崎一朗委員長はじめ、小泉尚嗣、束田進也、長尾年恭、西村卓也、平松良浩、堀高峰、山岡耕春、吉田真吾（五十音順）である。この本の執筆にあたっては、特に、束田進也、山岡耕春、長尾年恭、堀高峰、小泉尚嗣のメンバーが編集の中心となった。

今期のメンバーの多くは、前期の石橋克彦委員長の期からの継続であり、今期の地震予知検討委員会の成果のかなりの部分は、前期の地震予知検討委員会と共有するものである。

山中浩明 編著
武村・岩田
香川・佐藤 著
地震の揺れを科学する
見えてきた強震動の姿
46判 二二〇〇円

池田安隆
島崎邦彦
山崎晴雄 著
活断層とは何か
46判 一八〇〇円

島崎邦彦
松田時彦 編
地震と断層
A5判 三四〇〇円

菊地正幸 著
リアルタイム地震学
A5判 三八〇〇円

水谷武司 著
自然災害と防災の科学
A5判 三二〇〇円

小長井一男 著
地盤と構造物の地震工学
A5判 四二〇〇円

金凡性 著
明治・大正の日本の地震学
「ローカル・サイエンス」を超えて
A5判 三二〇〇円

ここに表示された価格は本体価格です。御購入際には
消費税が加算されますので御諒承下さい

地震予知の科学

2007 年 5 月 15 日　初版

［検印廃止］

編　者　日本地震学会地震予知検討委員会

発行所　財団法人　東京大学出版会

代 表 者　岡本和夫

113-8654　東京都文京区本郷 7-3-1

電話 03-3811-8814　FAX 03-3812-6958

振替 00160-59964

印刷所　株式会社平文社

製本所　矢嶋製本株式会社

ISBN 978-4-13-063706-0 Printed in Japan

執筆者紹介（五十音順）

川崎一朗（かわさき・いちろう）
京都大学防災研究所

小泉尚嗣（こいずみ・なおじ）
産業技術総合研究所地質情報研究部門

束田進也（つかだ・しんや）
気象庁地震火山部

長尾年恭（ながお・としやす）
東海大学海洋研究所地震予知研究センター

西村卓也（にしむら・たくや）
国土地理院地理地殻活動研究センター

平松良浩（ひらまつ・よしひろ）
金沢大学大学院自然科学研究科

堀　高峰（ほり・たかね）
海洋研究開発機構地球内部変動研究センター

山岡耕春（やまおか・こうしゅん）
名古屋大学大学院環境学研究科附属地震火山・防災研究センター

索引

タ行

ナ行

ハ行

マ行

ヤ行

ラ行

アルファベット

引用・参考文献

口絵2　山中佳子・菊地正幸，2002，見えてきたアスペリティの特徴，月刊地球，277，526-528.

Yamanaka, Y. and M. Kikuchi, 2003, Source process of the recurrent Tokachi-oki earthquake on September 26, 2003, inferred from teleseismic body waves, Earth Planets Space, **55**, e 21-e 24.

Yamanaka, Y. and M. Kikuchi, 2004, Asperity map along the subduction zone in northeastern Japan inferred from regional seismic data, J. Geophys. Res., **109**, B 07307, doi: 10,1029/2003JB002683.

山中佳子，2005，大地震アスペリティのマッピング，サイスモ，6月号，8-9.

図1-8　http://www.jishin.go.jp/main/p_hyoka 02.htm（地震調査研究推進本部の長期評価）

図1-10　活断層研究会編，1991，新編日本の活断層，東京大学出版会，448 pp.

図1-11　地震・火山噴火予知研究協議会地震分科会，2006，日本の地震予知研究，12 pp.

図1-12　石橋克彦，2002，フィリピン海スラブ沈み込みの境界条件としての東海・南海巨大地震―史料地震学による概要，京都大学防災研究所研究集会 13 K-7 報告書，1-9.

写真2-1，2-2　http://research.kahaku.go.jp/rikou/namazu/index.html（国立科学博物館地震資料室）

図2-1　地震予知研究協議会，1991，地震予知はいま，20 pp.

図2-3　壇原　毅，1973，新潟地震前・時・後の地殻変動，地震予知連絡会会報，9，93-96.

コラム④図　宇佐美龍夫，2003，最新版日本被害地震総覧［416］-2001，東京大学出版会，728 pp.

図2-6　朱鳳鳴，1976，海城に発生したM 7.3の地震に関する予知―予報と防災の概況，中国地震考察団講演論文集，地震学会，15-26.

図 2-8　http://quake.wr.usgs.gov/research/parkfield/index.html（米国地質調査所（USGS）のパークフィールド地震ホームページ）
図 3-2　Miyazaki, S., P. Segall, J. Fujita and T. Kato, 2004, Space time distribution of afterslip following the 2003 Tokachi-oki earthquake: Implications for variations in fault zone frictional. Geophys. Res. Lett., **31**, L 06623, doi: 1029/2003GL019410.
図 3-3　東北大学，2005，地震予知のための新たな観測計画，平成 17 年度.
図 3-5　長谷川　昭，2002，岩手県釜石沖の固有地震的地震活動，地震ジャーナル，**33**，27-31.
図 3-7　国土地理院，2003，関東甲信地方の地殻変動，地震予知連絡会会報，69，138-179.
図 3-8　Obara, K., 2002, Nonvolcanic deep tremor associated with subduction in southwest Japan, Science, **296**, 1679-1681. Reprinted with permission from AAAS.
図 3-9　http://www.hinet.bosai.go.jp/research_result/tokai 2006/tokai 2006.pdf（防災科学技術研究所ホームページ）
図 3-13　Yoshida, S. and N. Kato, 2003, Episodic aseismic slip in a two-degree-of-freedom block-spring model, Geophys. Res. Lett., **30**, doi: 10.1029/2003GL017439.
図 3-14　Kodaira, S., T. Hori, A. Ito, S. Miura, G. Fujie, J. O. Park, T. Baba, H. Sakaguchi, Y. Kaneda, 2006, A possible giant earthquake off southwestern Japan reveled from seismic imaging and numerical simulation, J. Geophys. Res., **111**, B09301, doi:10.1029/2005JB004030.
図 3-16，図 3-17　Hori, T., 2006, Mechanisms of separation of rupture area and variation in time interval and size of great earthquakes along the Nankai Trough, southwest Japan, J. Earth Simulator, **5**, 8-19.
図 4-1　石橋克彦，1976，東海地方に予想される大地震の再検討―駿河湾大地震について，地震学会予稿集，2，30-34.
図 4-2，表 4-1　http://www.bousai.go.jp/jishin/chubou/tou-tai/soutei2/kisha.pdf（中央防災会議「東海地震対策専門調査会」東海地震に係る被害想定結果について，平成 15 年 3 月 18 日）
コラム⑨図　http://www.bousai.go.jp/jishin/chubou/taisaku_toukai/pdf/gaiyou/gaiyou.pdf（中央防災会議，東海地震対策について）

コラム⑨表　http://www.fdma.go.jp/html/new/pdf/150528toukai_hou/s23.pdf より抜粋
図 4-14　Fujii, Y. and K. Satake, 2007, Tsunami source of the 2004 Sumatra-Andaman Earthquake inferred from tide gauge and satellite data, Bull. Seism. Soc. Am., **97**, S 192-207.
図 5-2　http://vldb.gsi.go.jp/sokuchi/sar/(国土地理院干渉 SAR ホームページ)

●上記に挙げた以外の参考文献

榎本祐嗣，2002，大地表面の異常帯電：大地震の前兆？―江戸のエレキテルと地震窮理の光芒，表面科学，**23**(1)，56-61.
藤井陽一郎，1967，日本の地震学，紀伊國屋書店，239 pp.
http://www.seisvol.kishou.go.jp/eq/tokai/index.html（気象庁の東海地震解説資料の HP）
石橋克彦，2003，「駿河湾地震説」小史，科学，**73**(9)，1057-1064.
科学技術・学術審議会測地学分科会，2007，地震予知のための新たな観測研究計画（第 2 次）の実施状況等のレビューについて（報告），101 pp.
川崎一朗，2006，スロー地震とは何か―巨大地震予知の可能性を探る，NHK ブックス，269 pp.
菊池　聡，1998，超常現象をなぜ信じるのか―思い込みを生む「体験」のあやうさ，講談社，219 pp.（http://www.cp.cmc.osaka-u.ac.jp/~kikuchi/nisekagaku/nisekagaku_nyumon.html も参照）
北原糸子，2000，地震の社会史，講談社学術文庫，352 pp.
久留米市教育委員会，大分大学教育学部，地質調査所近畿・中部地域地質センター，九州大学理学部（松村一良・千田　昇・寒川　旭・松田時彦），1994，天武七年の筑紫地震と水縄断層，地震予知連絡会会報，52，6-9.
武者金吉，1957，地震なまず，東洋図書，208 pp.
長尾年恭，2001，地震予知研究の新展開，近未来社，209 pp.
大竹政和・平　朝彦・太田陽子編，2002，日本海東縁の活断層と地震テクトニクス，東京大学出版会，201 pp.
Okada, Y., E. Yamamoto, and T. Ohkubo, 2000, Coswarm and preswarm crustal deformation in the eastern Izu Peninsula, central Japan, J. Geophys. Res., **105**, 681-692.
Ozawa, S., M. Murakami, M. Kaidzu, T. Tada, T. Sagiya, Y. Hata-

naka, H. Yarai and T. Nishimura, 2002, Detection and monitoring of ongoing aseismic slip in the Tokai region, central Japan, Science, **298**, 1009-1012.
Richardson, L., 1922, Weather Prediction by Numerical Process, Cambridge University Press, 250 pp.
力武常次，1998，予知と前兆，近未来社，244 pp.
Roeloffs, E. and J. Langbein, 1994, The earthquake prediction experiment at Parkfield, California, Reviews of Geophysics, **32**(3), 315-336.
坂本幸四郎，1987，青函連絡船ものがたり，朝日文庫，379 pp.
宇津徳治，1972，北海道周辺における大地震の活動と根室半島沖地震について，地震予知連絡会会報，7，7-13.
宇津徳治，1999，地震活動総説，東京大学出版会，876 pp.
柳川喜郎，1984，桜島噴火記—住民ハ理論ニ信頼セズ，日本放送出版協会，309 pp.
吉村　昭，2004，関東大震災（新装版），文春文庫，347 pp.
特集「地震防災と危機管理—東海地震と地震研究をめぐる四半世紀」，2003，科学，**73**(9)，917-1073.